世界を動かす戦略物資

小麦の地政学

セバスティアン・アビス
児玉しおり 訳

Géopolitique du Blé

Sébastien Abis

原書房

小麦の地政学

世界を動かす戦略物資

目次

食料と気候の二つの安全保障をわれわれにもたらすために、
世界中で、地球を養い修復する農業従事者に本書を捧げる。
彼ら、彼女らはノーベル平和賞をもらう資格がある。

序文

いまや地政学はいたるところにある。かつては、ナチズムに利用された道具としてタブー視され、その後は市民とはかけ離れた少数の専門家の間だけで通じる難解な学問と見なされていたが、現在では再評価されているだけでなく、あらゆる空間に進出している。

こうした状況はウクライナ戦争のショックのせいだけではない。以前からあった傾向が戦争によって増幅されたにすぎない。かつて大衆向けのメディアでは、視聴率を落とさないように地政学をあまり前面に出すべきではないとされていた。しかし、今では視聴者を惹きつけるのは地政学だといわれている。地政学関係のテーマに関する番組、ドキュメンタリー、議論の放映はどんどん増えている。シンポジウムも盛んに開催され、活気のある多くの参加者を集めている。フランスでは地政学は高校2年生と3年生の授業にも取り入れられ、生徒の圧倒的支持を受けている。国境の外で起きていることを単に外国の出来事と見なすことはできないと高校生たちは理解しているのだ。地政学への興味は若者だけでなく、世代を超えたものだ。ディディエ・ビリオン氏［フランス人地政学者。トルコ・中東専門で国際関係戦略研究所（IRIS）副所長］の人気が示すように、シルバー世代の大学講座にも同じ現象が見られる。

地政学はパリ市7区［省庁が多く、パリ政治学院がある地区］だけに限定されているのではなく、市民の問題だという信念は国際関係戦略研究所（IRIS）の研究方針にしっかりと根付いている。それはわれわれIRISのDNAだと言ってもいいだろう。また、政治・軍事問題だけに限定されるのではなく、もっと幅広いものであることも地政学の特徴だ。国際舞台における力関係、大国間のライバル関係に関することはすべて地政学の範疇《はんちゅう》になる。われわれはすでに1990年代終わりにスポーツの地政学という概念を扱った。その概念に対して、皮肉と言わないまでも懐疑的な考え方はあったのだが、問題にしなかった。われわれはまた、最初から、人道問題はNGOだけでなく地政学シンクタンクが扱う問題でもあると考えた。そして、NGOと実りある啓発的なパートナー関係を発展させてきた。新型コロナウイルスのパンデミックより前に、われわれは健康に関する地政学観測所を設けた。同じく垣根をなくす考え方から、農業と食料安全保障に関する問題にも関心を持つようになったのである。軍事やエネルギー問題と同様に、農業は各国政府の政策や、国民扶養の課題の根本部分である。この課題は世界の人口が増加しているから、よけいに重要だ。しかも農業は、消費者によりよい健康をもたらし、かつ経済の脱炭素化を可能にする一次産品を供給することにより持続可能開発を成功させる――あるいは失敗させる――移行の中心にある。しかし、農業の根本的な役割の第一は、最大限の人々に食料の安全保障をもたらすことである。その役割は、地球上の地理的、社会的、体制的な不平等が根深いために、非常に複雑であることは明らかだ。農業と食料問題を巡るパワーゲームは、その利害が戦略的かつ段階的であるためによけいに激しい。気候変動、主権主義的傾向、エコロジスト的傾向もパワーゲームを助長している。農業は地政学であるし、そのことはますます明白になっている。したがって、農業の地政学は存在し、大国間の問題の中心になりつつある。

しかし、セバスティアン・アビス氏の貢献なしには、ＩＲＩＳはここ10年来進展する農業の地政学を発展させることはできなかっただろう。アビス氏とＩＲＩＳおよび私自身との関係は非常に特別だ。アビス氏は、パリの「ＩＲＩＳシュップ」［２００２年創設の地政学専門の修士課程を持つ私立大学］創設より前、リールの政治学院で私の教え子だった。当時、同校の教育内容は地域圏内のパートナーとともに共同で策定され承認されていた。教師としては、元の教え子の一人が知識人の世界や学会でそこまで活躍するのを見るのは大きな満足をもたらす。アビス氏はちょうど20年前に、リールの政治学院の学生だった。同氏のキャリアはユニークである。フランス軍の参謀部から、民間の企業連盟を経て、政府間組織に移った。彼の興味は出身地である地中海地域にも、サッカー（そのためにいっそう私たちは近しい関係にあるのだが）にも限定されない。農業と食料安全保障は彼が非常に秀でた分野であるので、この分野では参照にされる存在である。彼は長いキャリアにおいて非常に多くの研究活動や外交ミッションを率いてきた。しかも、

ＩＲＩＳのアソシエート研究者として、幸いにも10年以上前からわれわれの活動に参加している。

以来、セバスティアン・アビス氏は信念を持って、リスクのともなう仕事をしている。地中海、農業および食料安全保障に対して強くコミットし続け、職業面では快適な分野を断念して、国際的な国家公務員から一協会の事務局長になった。その協会「クラブ・デメテール」［産学省庁が共同で農業と食料の未来を考える協会］は２０１７年にアビス氏が参加することによって、戦略地政学や将来展望、国際的視点を取り入れ、農業と食品問題で常に引用される存在になった。アビス氏は企業、高等教育機関、省庁、専門家から形成されるユニークなエコシステムを構築することに尽力し、そこで多様性、矛盾、結集と対話への情熱を育てている。それらすべてを、かなり密な研究、コミュニケーション、発表・出版を維持しつつ行っているということは、このクラブの持久力、さらに国内外の多くの分野やフランス国家の最上層部から認知されていることと無関係ではない。

アビス氏の著書のなかで、最もよく言及されるのは本書『小麦の地政学』だが、本書は２０１５年に出版され、知識と議論に貢献したことにより、２０１７年度地政学書籍賞（新人部門）を獲得し、大きな評判をとった。２０２２年2月以来のウクライナ戦争の激化と、世界の食料安全保障や穀物貿易への影響により、この『小麦の地政学』の更新が求められた。２０１５年版はすでに絶版だが、現代の世界ではある程度の〝在庫〟を持つ必要性が再発見されているのではないだろうか。アビス氏は、マイナーな修正や調整をするよりも、再考し、書き直し、世界の安定のためにこの農産物の戦略的性質を再び主張する全く新版の『小麦の地政学』を出版するにいたった。
　本書は農業や小麦についての書籍ではない。本書は世界の未来の一部が何にかかっているかを理解するための本である。したがって、本書を大いに堪能していただきたい。

パスカル・ボニファス
IRIS所長

イントロダクション

小麦は歴史と現代性に満ちている。何千年も前から栽培されている小麦は、農業の発展の源であり、地中海古代文明誕生の起源でもある。その小麦とともに、人々の基本的食料が次第に形成されてきた。小麦が不足してくると、社会は動揺し、不安が広がる。小麦は、日々変わらないものなのに、場合によっては政治の中心に据えられることもある。したがって、小麦は世界と同じくらい古い植物でありながら、恐ろしく現代的でもあるのだ。その生産のために、人類は絶えず革新を行ってきた。種をまいて刈り入れるという単純なことではない。量も品質も十分な小麦を得るためには、進化し続けるテクノロジーのさじ加減とノウハウが必要になる。その加工——とりわけ優れた象徴的使用例であるパン——は、人間の能力と技術手法が組み合わさる別のステップである。さらに、近隣の市場あるいは、世界中の市場に流通させるには、現代社会の中心に位置する一連の職業を必要とする。この農産物は決して瑣末《さまつ》なものではない。何十億人という人々の日常生活に日々関わるものである。小麦は過去と同様、21世紀の始まりにおいても、世界の安全保障の要だ。ようするに、われわれの未来の一部でもある。

世界には戦略的争点が多数ある。古くからあって時代とともに変化するものもあれば、急に現れてきたり、時々姿を現すものもある。深刻な構造的傾向と、経済情勢に左右される傾向を区別するのは必ずしも容易ではない。わずかな兆候が変化や状況の急変をもたらすこともあれば、地政学的動向が時代をまたがって全大陸に影響を及ぼすこともありうる。食料の安全保障は、人々の生活、社会の発展、ある地域の安定性の3つを同時に条件づける非常に稀《まれ》な分野である。世界の変化はとどまらないが、シンプルで恒常的な2つの基本はまったく変わらない。生きるために食べること、そして食べるために生産することだ。この2つの明白な事実は、忘れられることもあるが、戦略的分析に加えられるべきだろう。

この問題に注意を払うことなく過去を見ることは、歴史の重要なページを無視することになるだろう。あらゆる時代を通じて、食料の安全保障は、支配する側と支配される側との関係や、権力者の戦略の中枢《ちゅうすう》にあった。農業を今日の議論の中心に据えないなら、世界の状況を俯瞰《ふかん》する手段を失うことになる。危機はますます制度に関わるものとなっており、大陸間の相互依存は強まるばかりだ。将来の課題を先取りすることは、不確定要素を特定し、あらゆる複雑さを考慮に入れて世界をながめる能力が求められる。学際的アプローチを歓迎すべきだし、そうした分析を提案することは地政学の長所である。こうした観点から、農業は古く、かつ現代的な課題の広大な分野をなす。

しかも、人口増加は世界の地域によって異なるリズムで続いているが、概して農業の不安定さが最も懸念される地域で食料の需要が高まっている。そこでは、農業に欠かせない2つの資源——水と土地——の獲得競争が激しくなっている。サービスと非物質化の時代と言われた21世紀だが、農業はなくなってはいない。そして一次産品は国際関係において重要な役割を演じ続けている。地理的条件が非常に不平等であるため、いまだに世界の農業問題は対立や競争に特徴づけられる。しかも、地球上の死因のトップは、貧困、紛争、気候危機がしばしばもたらす飢餓である。それと並行して、消費や浪費の観点では食料過剰も世界中で高まっている。一方で食料不足、他方で豊富さと無頓着というパラドックスに加え、世界の国々が軍事戦争よりは経済戦争に身を任す地政学的枠組みが加わる。こうして、農業は往々にして国際的通商交渉の際に模索すべき均衡関係の中心に位置する。食料の安全保障は、国によってはいまだに国家主権の砦《とりで》の一部なのだ。農業のグローバル化が発展すると、国際競争が農業の周囲に現れてくる。国民を養える国と、国内需要をカバーするために外国の生産に頼らざるを得ない国との不均衡が広がっていることから見ても、競争は今後、激しくなる可能性もある。さらに悪いのは、いま最も熱いニュース、ウクライナ戦争により、大国のなかには、ある国を弱体化させたり、従属させたりするために食料を武器として使う国があるということが明らかになったことだ。欧州連合（ＥＵ）やフランスの行動や価値観はそこにはないが、ＥＵとフランスの態度は農業・食料分野における国際関係の法則の変化に応じて変わっていかねばならないだろう。言い換えるなら、肉食動物の世界で草食動物のように行動することはできないし、世界の激動から解放されることで世界から孤立できると考えることはできない。

穀物は、長い目で見た農業問題の地政学をみごとに表している。より正確に言えば、小麦だけを見ても、一つの農産物が真の戦略的威力を有することを表している。世界の食料システムの脆《ぜい》弱《じゃく》さは、単に農学的、地理学的なものではなく、政治的、社会的、経済的、物流的なものだ。世界の食料安全保障の花形産物である小麦は、つねに歴史と権力闘争の中心にあった。原油より地味で、黄金ほど光り輝くこともなく、ウラニウムのように議論の的になることはないが、ほかの一次産品とは異なる。小麦は必要不可欠な作物であり、その栽培は世界の風景を変え、人口や政治を変えてきた。小麦なしには、安全保障はない。国家にとって小麦を有することは、その国の安定性を確保できる上、輸出も可能なら国際的影響力を持つための重要な戦略的切り札になる。反対に、国内需要に対して小麦が足りなければ、大きな弱点を暴露することになる。

不足、気候不順による不作、市場における価格高騰といったことがない限りはメディアに登場することは稀な小麦だが、過去にはカギになる瞬間に姿を現し、支配する側と支配される側の力関係――国家間、官と民、個人間――の変化に寄与する。しかし、現在、小麦は何十億人という人が消費しているが、以前より世界に平等に行きわたるようになったわけではない。生産国は少なく、温暖地帯に集中している。輸出している国はさらに少ない。その流通、つまり貿易は世界の安定と世界経済にとって重要であることは明らかだ。その上、小麦は多数の金融オペレーションを経て取り引きされており、そのシステムは複雑で目立たない担い手のあいだの競争が顕著である。

このグローバル化の隠された面を地理的、時間的に概観してみると、小麦の力がよりいっそう明らかになるだろう。本書は、農業関係者や激変する地政学に直接関係する人はもちろん、現代の戦略的課題の多様性を理解したいと思う人や、その複雑性を把握したいと思う人など幅広い読者を想定している。小麦は、われわれを歴史の深部へ、そして数々の紛争の知られざる動機にいざなうだろう。また、自然地理学、人文地理学の分野にわれわれをいざない、不平等や、小麦の多様な使用法と消費方法を明らかにしてくれるだろう。小麦のルートをたどれば、グローバル化した交易のルートに行き着く。容赦ない市場原理が支配するこのルートでは潤滑な物流が重要だ。小麦はまた、輸出可能な少数の国と、需要の一部または全部を輸入に頼らなければならない国々――こちらのほうが多い――のあいだの大きな違いを見せてくれる旅にわれわれをいざなう。世界の均衡を構成する、陸上や海上の物流チェーンも見せてくれるだろう。なぜなら、小麦はすべての大陸において支配の戦略と発展の課題に関わるからだ。深刻な問題である気候変動に関する議論から小麦を外すことはできないし、同時に、技術革新、穀物取引の変化、グローバル・ガバナンスといった多くの課題を投げかける。戦争と平和のあいだにあって、小麦は多国間主義と協力を弱体化させる現代の対立を体現する。そうした動きはフランスに、その国力の確認と再定義、国益の防衛、外交に与える意味について考えさせるだろう。

＊本書の原稿は２０２２年11月１日に終えたため、その後に起きた出来事は考慮されていない。

第1章　権力の中枢にある小麦の歴史地理学

歴史の長い時間に触れずに小麦の地政学を提案することは考えられない。とはいえ、小麦が人々の生活の中心的要素となっていた何千年もの歴史をここでたどることはできない。ここでは、古代ギリシャ・ローマ、フランス革命時代、20世紀の2つの大戦の時代を主に取り上げよう。これらの時代を通じて、小麦、もっと言えば食料の安全保障は歴史的な出来事、戦略、紛争において決定的な要素であった。

古代から小麦は優先課題だった

アテナイ――小麦が不足し、交易船が力を持つ

小麦は古代ギリシャの食糧において重要な地位を占めていた。都市国家《ポリス》の形成、つまり人々の集合のプロセスを経て、アテナイのあったアッティカ地方では、紀元前5世紀のペリクレス治世の黄金期、25万人の住民を養う穀物が不十分だということが明らかになった。古代ギリシャ時代の数多くの戦争は農業にも影響を与えた。土地は痛めつけられ、労働力は戦争に動員され、牽引

車は略奪された。戦争にともなう不安や将来収穫できるのかという不安にかられて農民は種をまくのを躊躇した。現代でも、戦争が激しいところでは農業活動の条件や食料の安全保障が悪化するのは同じだ。

アテナイは、人口増加と経済発展、さらには気候条件の制約に対処するため、食料不足を交易でしのがねばならなかった。実際、労働者を食べさせ、人々の空腹によって危うくなりうるポリスに安定をもたらすため、小麦の調達が必要だった。戦略的に体制づくりをしなければならない[1]。小麦と都市化は密接に結びついているという基本原則は、この時代以降、否定されたことはない。ある都市の住民の食料安全保障が外部に依存しているのなら、交易体制を整え、その長期的な安定性に留意しなければならない。

地中海沿岸のさまざまな地方の地理的多様さは、生産量が現地の需要を超える地域と、反対に需要が満たされない地域とのあいだの交易の活発さを雄弁に説明してくれる。当時のピレウス港の重要性は、同港がアテナイに輸送される穀物の不可避な輸送経路上にあったこと、また地中海交易の中枢であったという事実に即して理解されるべきだ。需要と供給を結びつけるためには航海が必須条件だった。アテナイの航海力は、地中海沿岸の各地をつなぐ物流チェーンの構築を通して商品の流通を組織・管理することを可能にする。その航海力は海賊や敵と戦う能力を——もちろん遠くの地方を征服する能力も——もたらすことができる。

こうした観点から、ペロポネソス半島から黒海までの航路をうまく機能させるための戦略は綿密に考慮された。シチリア半島、トラキア地方東部、シリア、とりわけエジプトの小麦がアテナイ市民の糧となったが、黒海（当時は「ポントス・アクセイノス」と呼ばれた）沿岸の小麦はとりわけ珍重された。すでに紀元前7世紀からギリシャ人が入植し始めた黒海沿岸は、次第にギリシャの支配下に入っていった。多くの沿岸都市が、南方や地中海に向かうルートの交易で繁栄していた。木材、革、とりわけ小麦が現在のクリミア半島からギリシャに向けて運ばれ、クリミアはまもなくアテナイの穀倉地帯になった。紀元前6世紀半ばに権力を握ったペイシストラスはアテナイ初の僭主《せんしゅ》となったが、彼はアテナイの陶器と黒海北部の小麦の取引を可能にする、エーゲ海および海峡部の野心的な交易政策の主唱者でもあった。[2] 特別な警備隊が創設されたヘレスポントス海峡（現ダーダネルス海峡）にはアテナイの軍事関係の居留民が定住した。続いて、ペリクレスがその施設を強化した。

アテナイの住民と経済にとって、生命線となったその輸送ラインの航海の安全は非常に重要になった。一連の外交同盟や協定によって、アテナイがポントス・アクセイノスやヘレスポントス海峡の各都市との関係を長期的に保つことが可能になった。ヘレスポントス海峡の最も幅の狭い場所にあるセストスは、ピレウス港の「小麦倉庫」とみなされた。アテナイは経済的利益に応じて外交を展開していった。紀元前478年に結ばれたデロス同盟も、この観点に立ったものだ。主に制海に基づく力を特徴とするタラソクラシー［海洋帝国］は、単にペルシャ帝国に対抗する海洋国家を表すのではなく、都市国家同士あるいは黒海由来の産物が相互に利益になるように正常に流通し、エーゲ海における正規の活発な交易を可能にする手段でもあった。

アテナイの為政者にとっては、食料の供給を確保するための海上輸送ルートを守ることは最重要課題だった。しかも、厳格な規則の対象になったのは小麦交易だけだった。小麦の輸入と流通を管理するための法律を制定した。アテナイに住む市民や在留外国人《メトイコイ》は何人《なんびと》たりとも、アテナイ以外の都市に向けた小麦の輸送にお金を貸すことは禁じられた。小麦商人（sitopoloi）は輸入業者から一度に50升《ます》以上の小麦を買うことは禁止されており、小麦交易に関する司法官（sitophylaque）が厳しく監視していた。計画性を持たせるために、小麦はピレウス港に荷揚げされなければならなかった。同港に届く小麦の3分の2はアテナイ向けで、残りは港に貯蔵される。ピレウス港の穀物倉庫は、近隣ポリスのエレウシスにならって、最大で長さ30メートル、幅10メートルにおよぶものもあった。このエレウシスから、豊穣《ほうじょう》の女神デーメテールに捧げられる秘教的な崇拝が「エレウシスの秘儀」としてギリシャ中に広がったといわれる。これと並行して、公的穀倉管理（sitonia）の実践も確立された。これは、とりわけ飢饉《ききん》の時期に都市国家が住民に配布できるように、寄付者が小麦を都市国家に安く売るシステムだ。この寄付者は名誉を与える政令によってその寛大さを称えられる。

つまり、小麦を保有することは権力と名誉を得るということだ。アテナイの議会は、財政の悪化や飢饉（sitodeia）の時期には、小麦を買うための基金となる応募制の国債を設けることもできた。このシステムは紀元前3～2世紀からとくに発達した。小麦の買い手（sitonai）は小麦の買い値から輸送費まで最良の条件で小麦を買い付けるために地中海に派遣される。小麦畑からアテナイの通りに至るまでのコストすべてを含めなければならないのだ。

地方によっては、軍事的展開が小麦不足によって正当化された。アテナイのほとんどの植民地は小麦の豊富な農業地帯あるいは、そうなる可能性が高い地域だった。国の重鎮であるアテナイの将官、アルキビアデスは拡大主義者で、紀元前４１５年に１００隻の船を率いてシチリア島の征服に乗り出した。当時、地域最大の穀倉の一つであった地中海最大の島の小麦を手に入れるのが公式の目的だった。だが、ライバル都市のスパルタに対して戦略的に優位に立つことも狙っていた。ギリシャによるシチリア島東部の植民地化は、主にシュラクサイ［後のシラクサ］からアテナイに穀物を運ぶ足場にするためだった。

すでに小麦商人をめぐる論争があった

紀元前３８６年に雄弁家リュシアスがアテナイの民会で行った「穀物商人に反対する」という演説は、穀物の価格安定化のために市場とその関係者をコントロールしたいという意図をすでに示している。リュシアスが小麦商人について述べたことを一部紹介しよう。「小麦商人の利益は市民の利益に反する。彼らが最も大きな利益を上げるのはどういう場合だろうか？　ある災害が起きて、彼らが小麦を高く売ることができるときだ。彼らはあなたがたの不幸を歓迎する。みんなより早くに災害を知ることもあれば、災害を作り出すこともある［中略］。彼らの敵意はそれだけでは収まらず、危機的な時期には、彼らは敵以上でも、敵以下でもなく、あなたがたに対して陰謀を企てる。小麦が最も不足すると、彼らはその機会をとらえて、わたしたちが価格を交渉することのないように売るのを拒む。わたしたちは手ぶらで帰らずにすみ、どんな値段にしろ買えたことに非常に満足するのだ。まるでわたしたちが彼らに包囲されたかのように、まったく平和裏にそれをやってのける」。穀物はアテナイの民主制の実施と発展において基本的な役割を果たしていた。[3]

アフリカに養われ、パンのおかげで平和なローマ

古代ギリシャのアテナイは、穀物の構造的不足に苦しむ都市国家であることが明らかになり、それゆえ小麦の交易を盛んに行い、それが経済の優先性に基づいた外交の主軸になった。[4] のちのローマの状況も似ている。農産物供給をコントロールすることは同様に戦略的なものだった。帝国内の肥えた土地、とりわけ北アフリカ、シチリア、スペインからの輸入によってローマは養われた。ポエニ戦争［古代ローマとカルタゴが地中海の覇権をめぐって戦った3回におよぶ戦争］によってローマに支配された地域では、収穫時期が待たれ、生産が監視された。しかしながら、「ローマは一日にしてならず」というように、食料の安全保障の確保には時間がかかった。小麦が豊富に栽培できる地方では耕作を促し、収穫し、商業ルートも整備しなければならなかった。

小麦はそれほど重要な作物であったために、「アンノーナ」と呼ばれる公共の穀物供給サービスが生まれた。このサービスは綿密に計画され、組織され、監視されていた。国はローマ100万人の住民への供給を保証するだけでなく、軍隊の反乱を防ぐために兵士にも食べさせなければな

らない[5]。法務官でもある穀物供給長官《アンノーナ》は、属州からの収穫を毎年割り振りするという重要な役割を演じた。とりわけ、アウグストゥス帝が統治した紀元前27年以降のローマ帝国の前期から紀元後3世紀までの時代がそうだ。後期ローマ帝国期にコンスタンティノープルが建設されると、オスティア港に荷揚げされる小麦のほとんどが再びエジプト産になったために、交易ルートが変化した。オスティア港はローマ市の35キロメートル南にある。ギリシャのピレウス港に匹敵する、ローマ帝国の穀物の入口であり、そこからティベリス川［現在のテヴェレ川］を上り、ローマに到達する。オスティア港のアンノーナと同港の長官職は紀元前2世紀末に設けられた。この職は多くの場合、アフリカ出身の男性が占めていた。小麦の生産地を熟知しているために現地の中継地を自在に利用し、「オペレーター（事業者）」の信頼を得ていたからだ。このオペレーターという言葉は、当時のこの業界を表す言葉として決して誇張ではない。小麦の供給網の構築には非常に多様な職業が関わっており、供給網が弱体化すると、政治的危機に発展することもあった。紀元前68年にオスティア港が海賊に襲撃されて焼き払われると、すぐにパンの値段が高騰して元老院議員が狼狽《ろうばい》し、ローマの一体性を守るべく海の危険と闘うために一連の防衛対策がとられた。ガビニウス法が制定され、地中海の海賊を討伐してローマ市民の恐怖を鎮めるための特別な軍事手段がポンペイウスに与えられた。その成功の栄誉を手にしたポンペイウスは、その少し後でカエサル、クラッススとともに最初の三頭政治――3人が同盟を結んで統治を独占する政体――を確立した。

ところで、ローマ人は道路の標準モデルや軍事基地や都市の広場を発明しただけではない。

小麦を貯蔵する倉庫のタイプを生み出したのだ。[6] オスティア港やほかの場所にみられる「ホレウム」だ。ローマ市内でさえ、最大級の貯蔵庫があり、２５００平方メートルにもおよぶ。円形闘技場《コロッセウム》のおよそ10倍の大きさだ。ローマの社会にとって小麦は特別に重要な意味を持っていた。ローマ人は麦穂の女神ケーレスをあがめた。ちなみに、小麦の国際取引のほとんどを扱うシカゴの先物商品取引所のビルのてっぺんにはケーレスの彫像がそびえ立っている。１８４８年に創立されたシカゴ商品取引所（ＣＢＯＴ）は世界で最古の農産物取引所であり、ケーレスがつねに見守っているのだ。

古代ローマの為政者は住民に娯楽と食べ物をつねにもたらすことに心を砕いていた。古代ローマの詩人ユウェナリスが「パンとサーカス」とみごとに表現したように。有名な「Furmentationes（穀物配給制度）」によってローマのある一定の市民にパンを公的に配布することで、皇帝は「社会の平和」を買おうとしていたのだ。「テッセラ・フルメンタリアtessera frumentaria」と呼ばれる長方形の木製の板が身分証明証の役割を果たし、それがあれば無料のパンの配給を受けることができた。20世紀の配給カードや、国民への食糧補助が続いている発展途上国で今でも実施されている制度に似ている。

ファラオの時代、エジプトの穀物は豊富だった

紀元前４０００～３０００年頃、エジプトの住民や家畜飼育者は川のほとりやオアシスに定住した。耕作が始まり、まもなく灌漑《かんがい》の役割が重要になり、エジプトの農民は資源を管理し利用するようになった。こうした経験がファラオ時代のエジプトでまず蓄積されたのだ。栽培された穀物の大半は大麦だった。「肥沃な三日月地帯」を起源とする小麦は地理的に近いこともあって、やがてエジプトでも栽培されるようになった。正確に言えば、ヒトツブ小麦とともにエンマー小麦が人類に栽培された最古の穀物で、エジプト人はそれをつぶしてナイル川の水と混ぜてパンを作った。パンにすることで民を養うとともに、捧げ物としての宗教的意味を持っていた。穀物はピラミッドの中に貯蔵され、ネコによってネズミから守られていた。ヘロドトスがしばしば語ったように、ネコは保護者とみなされたため、尊ばれ、時にはミイラ化された。大麦や小麦の穂は豊穣のシンボルとして家の入口に吊り下げられた。穀物の生産はますます発展し、国内の需要を満たした上に、紀元前の数世紀にはアテナイへ、後にはとりわけローマへの輸出が増えるようになった。[7] プトレマイオス４世は、第２次ポエニ戦争のあった紀元前３世紀末にローマ帝国が必要とした穀物を非常に低い価格で売ることを提案した。しかしながら、古代ヌビア（現在のスーダン）のミイラや墓での新たな発見によると、この地では７０００年前――これまで科学者たちが考えていたより数世紀早い――にすでに小麦が消費されていたことが証明されている。

フランス史における小麦

時代を下って、フランスの歴史でも小麦は特異な地位にあった。ここでは、フランスの食糧というテーマで推移や発展を述べるのではなく、社会的、政治的論点から小麦が果たした中心的役割を挙げてみる。

小麦と「良心の安らぎ」

昔の宗教税「十分の一税」は中世になると非常に発展した。とりわけ飢饉の起こる可能性に備えるために収穫のおよそ10分の1――地方によってはそれ以上――をキリスト教会に納める制度である。ワイン、動物、麻などにも課せられたが、ほかの作物と比べて「大きな十分の一税」と呼ばれたように、主に小麦に対して課せられた。農民たちはこの課税をいつも好意的に見ていたわけではない。彼らの主な食料が取り上げられるのであるし、元々の目的から逸れて着服されることもあったからだ。実際、貪欲や横領は現代のことばかりではない。しかし、教会が支配的な地位を占める社会的、政治的背景にあって、十分の一税は特異な性格を持っていた。自分の小麦を教区や司教に差し出すことで、農民は神に近づけると期待したのだ。ゆっくりとではあるが確実に農業が発展していくなかで、十分の一税はフランスの田園地帯における連帯と効率の集団的アイデンティティーを作り上げるのに貢献した。[8] 十分の一税の穀倉の満ち具合に応じて、農業の状況（収穫や生産性）が明らかになり得た。中世と近世のあいだに他にもさまざまにつくられた昔の税は、フランス王国で断絶が起きた1789年までずっと払われ続けた。

パンの値段とフランス革命

ヴォーバンの防衛施設群工事［軍人にして建築家のセバスティアン・ル・プレストル・ド・ヴォーバンは、ルイ14世治下で150もの要塞を建設した］が終了した17世紀末に、パンはまだ家計の3分の2を占めていた。ヴェルサイユ宮殿の鏡の間の丸天井の下を通ると、1662年の凶作で不足したパンを国民に配布する「王の施し」［女性が民衆にパンを配る絵画は、ルイ14世が飢餓の民衆を救ったことを象徴する］のアレゴリーに思いをはせることができるだろう。フランスを表面的に飢餓から救うルイ14世の政治がここでは前面に押し出されている。18世紀になると、要求を高める国民と、権力が弱まった王政の間の力関係は、パンへのアクセスを含む多数の経済的摩擦に凝縮された。1707年にボワギルベールは著作『穀物の性質、耕作、取引および利益に関する試論』のなかで、国の富を測るには農業生産が重要であると主張した。また、交易の経済をさらに発展させるために穀物の自由な取引を奨励した。その理論はその後、重農主義者によって、さらにルイ16世の財務総監だったジャック・チュルゴに引き継がれた。

このような政策の実践は自由主義経済をもたらし、フランス人民を不安に陥れた。この経済自由主義が頂点に達したのは、穀物取引の自由化を制定した1774年9月13日の「チュルゴの勅令」だ。その影響はすぐに表れた。穀物の価格とパンの価格が高騰したのだ。2年続いた不作の後にとられたこの決定は国民に受け入れられなかった。王は臣民を守り、手の届く価格で基本的な産物の供給を常時保証する義務があると国民はみなしたからだ。民衆は、金儲けに汲々《きゅうきゅう》とする「買い占め屋」が穀物不足のなか穀物とその流通を支配しようとしていると考えた。穀物価格の高騰により、北部を中心にしたフランスのいくつかの地方で1775年4〜5月に暴動が起きた。「小麦粉戦争」だ。この状況は国の方向転換をもたらし、国は最終的に価格統制を復活させた。このエピソードはナポリ王国の経済学者フェルディナンド・ガリアーニの研究に呼応している。彼は1770年、このテーマについての時代を超えた真実を強調した。

小麦は土地の産物とみなすことができる。この観点からは、小麦は商業や経済法規に属する。次に、小麦は不可欠な物資、社会の市民秩序における第一の配慮とみなすこともできる。この観点からは、小麦は政治と国家の判断力に属する。[9]

「小麦粉戦争」は18世紀末の革命反乱の前兆だった。1789年のフランス革命におけるブルジョア階級の役割をここで否定するものではないが、歴史学者の多数の研究によって、革命のいくつかの側面が指摘されている。それは同時に、独自のダイナミズムを内包する農民の革命でもあった。また、小麦の価格上昇への大きな不安は怒りの触媒として作用した。[10] フランスの田園地帯は革命の傍観者ではなかったのだ。それどころか、事件と闘いの中心だった。その後も、とりわけ1811〜12年、1816〜17年の2度の食糧危機の際などに、小麦の取引の自由についてフランスの経済的議論の対立は続いた。加えて、消費の中心地パリの政治的優先に対する地方の不満も明らかになった。

大戦争（第一次世界大戦）と農業への影響

19世紀後半から第一次世界大戦前夜まで、農業はフランスで第一の産業部門であり、就労年齢の人口の40％と、雇用のトップを占めていた。農業は第三共和政の社会的理想でもあり、1881年以降は力を持った農業省を有していた。しかし、第一次世界大戦はヨーロッパの大地を荒廃させた。フランスでも戦争の農業への影響は甚大だった。1914年8月に戦争が勃発したときには収穫はまだ終わっておらず、農民たちは収穫を放棄して前線に行かねばならなかった。1914年から18年のあいだに、フランス農民の3分の2にあたる370万人が農地を去った。うち100万人以上が戦死するか、農業を続けることが困難な重傷を負った。こうした労働力の不足に加えて、当時は馬が主力だった牽引力の大幅な低減、そして、爆弾に使用するために農業生産のインプット（カリ肥料、窒素肥料など）も不足した。当時すでに十分でなかったフランスの穀物生産は崩壊した。軍隊と戦争に踏みつぶされた土地は耕作できなくなった。1918年時点で、穀物の耕作面積は1914年よりも3分の1ほど減った。同時に収穫高も低下し、戦争直後の小麦の生産は戦争勃発時の60％にしか達しなかった。こうした状況のなかでパンが不足した。当時に最も近いパン不足は1847年にさかのぼるのだが……。1914年から1920年にかけて小麦の価格は3倍になった。1917年には配給制が敷かれた。アルジェリアを筆頭に主に植民地からの小麦の輸入が増加し、1915～20年には200万トンの小麦が輸入された。

これは戦前の3倍にあたる。国内の需要をカバーするため、経済活動は壊滅的な打撃を受けた。貿易赤字が増えたからだ。戦後、アルザス＝モゼール地方を取り戻して小麦耕作のための新たな土地を得たが、フランスの食料安全保障は外国からの供給に頼っていた。

戦火に見舞われたヨーロッパ大陸から遠く離れた穀物生産大国が好機をとらえた。アメリカ合衆国、カナダ、アルゼンチン、オーストラリアだ。連合国の英国、フランス、イタリアは遠い大陸からの供給の安全を保障するために船などの物流手段で協力した。フランスでは、国内の穀物栽培を保護しつつ輸入農産品を低価格に抑えるために二階建て関税を創設した1892年1月11日付メリーヌ関税法があったが、戦争によって荒廃した農業力はヴェルサイユ条約締結の頃にはまったく打ちのめされていた。2つの大戦の間から第二次世界大戦直後まで、北アフリカの植民地の役割がフランスの小麦輸入にとって大切なことも明らかになった。1929年の世界大恐慌の後、フランスでは小麦についての法的措置が次々にとられた。1930年代初め以降、およそ100の法律や政令や規則が制定されたのだ。

その後、豊作が続いて穀物が蓄えられるようになり、フランス国内の物流能力を超える――貯蔵庫の不足、輸出のためのインフラの不足――ほどになり、価格が下落した。しかしながら、1940年からフランスにも及んだヨーロッパ戦争の回帰により、国内の食糧問題は非常に深刻になった。パン不足の経験は政府にも国民にもトラウマになっていた。第二次世界大戦前は国民一人あたり、年間135キログラムのパンを消費していたからだ。仏政府は、パンがよりよい状況で配布されるために1936年に人民戦線［1936～38年の左派連合政権］が設立した小麦業際公社（ＯＮＩＢ）の後身である穀物業際公社（ＯＮＩＣ）に期待した。パンの配給制度が廃止になるのは１９４９年を待たねばならなかったし、穀物の国内需要が輸入なしで満たされるのは１９７０年代初めになってからだ。「ガソリンを輸入するのは必要なことだが、小麦を輸入するのはばかげている」という１９４９年のフランス穀物生産者会議のスローガンがこうした流れの先駆けとなった。[11] つまり、フランスが日常の消費のために外国小麦のお世話にならなくなってから、わずか半世紀弱しか経っていないのだ。

20世紀のダイナミズムのなかで

20世紀初め、ヨーロッパ諸国勢力の独占を特徴とする旧世界は、小麦の生産・取引のレベルでも、戦略地政学的にも、その凋落《ちょうらく》が明らかになった。19世紀からすでに始まっていたこの現実は、アメリカが少しずつ世界の指揮者として台頭してきた顕著な傾向から生じたものだ。

新世界、新たな立役者たち

１８７０年頃から第一次世界大戦までは、ロシアが平均して世界の小麦輸出の半分を占めていたが、[12] １９１７年のロシア革命で小麦輸出から姿を消した。ソ連新政権は、都市住民や国の労働者を養うために田園部に貯蔵されているとみなされた小麦を手に入れるための「小麦戦争」――レーニンの言葉だ――を始めた。何百万人というロシア人が前線に送られたことで、穀物生産が激減したことも付け加えるべきだろう。第一次世界大戦以前は国内需要が100%カバーできていたのが、1919年には50%に落ち込んだ。共産主義政権の誕生とソ連の設立は、世界の農産物取引に重大な変化をもたらした。

そこで、「新興」諸国が穀物取引の牽引役になった。穀物取引は古代の活発さに比べると、中世と近世は息切れし、19世紀半ばから加速し――穀物取引所と商品先物取引所の誕生によって――、とくに第一次世界大戦直後に発展した。アメリカ、アルゼンチン、カナダの小麦は低コストの海上輸送の発展という追い風もあってヨーロッパ市場に到達した。

こうした新情勢が2つの世界大戦の間の時期に現れた上に、この時期には生産性の向上も追求された。こうして、1927年4月、ローマで約30ヶ国の代表者や技術者を集めて最初の世界小麦会議が開催された――当時、世界の国の数は70ヶ国に満たなかった。会議の主目的は貿易だったが、気候リスクに耐久性のある小麦を開発するため気候と農学についての協議も行われた。開会のスピーチをしたのはベニート・ムッソリーニだった。彼はファシズム政策の目玉である「小麦闘争」を1925年に開始して以来、イタリアの穀物種の選別センターの運営を熱心に見守っていた。世界的な経済危機が起きて以来、小麦は国際協力における熱い議論の的だった。1933年8月、ロンドンで22の輸出・輸入国の代表者のあいだで、世界的な小麦の供給を実質的な需要に対応させ、不要な過剰生産を抑えるために国際小麦協定が締結された。その目的は生産者を保護するために十分に高い価格を維持するとともに、価格の大きな変動を避けることである。アメリカ、アルゼンチン、カナダ、オーストラリアの4つの主要輸出国は種まきを減らして輸出を15%減らすことで合意した。同時に、輸入国は小麦生産を増加しないことを約束した。この協定は、世界の戦略地政学の変化や協定破りなどの理由でまもなく失敗に終わったが、こうした多国間の協議はその時代には意味のないものではなかった。

世界が混沌《こんとん》に陥ろうとしていた1930年代末、穀物は世界的に不作だった。1938年には多国間の協議を維持しようとする新たな会議がロンドンで開かれた。1942年には世界小麦理事会がワシントンに発足しさえした。こうしたことにより、1945年以降に平和が訪れた際、広く国際的な合意を探るための交渉が再開されることになった。1949年、ハリー・トルーマン米大統領の尽力――主な選挙公約の一つでもあった――で国際協定が結ばれた。この小麦協定は、輸出大国がある一定の期間、決まった価格で輸出できる割当量を持てるように、その後数十年間に少しずつ変更された。この協定は――やがて少しずつあらゆる穀物に適用されるようになった――多くの困難に直面するようになる。[13] 冷戦、そして1980年代から農業大国間で激化した地経学的競争などが部分的な理由である。そのためには、20世紀後半のアメリカの政策を引き合いに出すのが適切だろう。

東欧の小麦はナチス・ドイツにとって戦略的だった

ヨーロッパでは1939~45年の第二次世界大戦の農業への影響は甚大だった。小麦の耕作地が戦争で荒らされたうえ、ナチス・ドイツが狙ったウクライナの有名な黒土のように、ある土地は支配戦略の中心にあった。ナチス・ドイツ軍が１９４１年からソ連西部の征服を目指したバルバロッサ作戦は、ヒトラーの生存圏《レーベンスラウム》理論により経済発展に必要不可欠な資源を支配する必要性に基づいたものだ。戦争に勝つためにはナチス・ドイツは自給自足でなければならないが、実際はそうではなかった。この問題は第一次世界大戦の主要敗因と一つとみなされていた。農業の規模を大きくし、ドイツの食料安全保障を強化するためには、ウクライナの肥沃《ひよく》な土地と東欧の小麦が、ヒトラーと彼の農業顧問ヘルベルト・バッケの目には目標と映ったのだ。現地の住民を犠牲にしてそれらを乗っ取らなければならない。ナチスの恐るべき「飢餓計画」は、ドイツ軍の東部戦線で支配されたソ連住民にも関わるものだった。食料確保で優先権を持つドイツ軍に対し、支配された住民に強いた飢餓は大ゲルマン帝国における食料不安を低下させることができたのだ。[14]同様に、ユダヤ人を大量に殺すために、ナチスは強制収容所やワルシャワのゲットーで食料を取り上げる手段を用いた。そのゲットーの10万人の犠牲者の主な死因は飢餓だった。

アメリカが小麦を作る

第二次世界大戦が終わると、食料の安全保障問題が政治や外交の日程を占めるようになった。アメリカが率先者となった。戦争終結前の１９４３年、ルーズヴェルト大統領の呼びかけにより、食糧と農業のための最初の国際会議がヴァージニア州ホット・スプリングスで開催された。この会議が後に食糧農業機関（ＦＡＯ）創立の基礎になった。ＦＡＯは正式には１９４５年に設立された、国際連合の最初の機関である。ワシントンを本部としていたが、20世紀初めからローマにあった国際農業研究所と合併して１９５１年にローマに本部が移った。

２つの大戦が主にヨーロッパ大陸で展開されたことから、わずか半世紀の間に小麦の生産と流通の地理が変化した。アメリカ、カナダ、アルゼンチン、オーストラリアが世界の小麦の立役者となり、この４ヶ国で１９５０〜60年代の穀物輸出の70〜80％を占めた。小麦取引に関して多国間協定を模索する試みが行われたものの、二国間の協定や農業大国の単独の競争が支配的だった。アメリカが世界で軍事と貿易のヘゲモニーを強めるとともに、農業問題や小麦取引でも次第に支配力を増していった。アメリカの小麦生産は国内消費を大きく上回る一方で、ヨーロッパの需要も増加し、世界のほかの地域――とくにアジア――が小麦消費の急増する中心地として浮上してきた。１９５０年から１９８０年にアメリカの農産品輸出は30億ドルから４２０億ドルに増加し、穀物については40％のシェアに達した。１９６０年から１９８０年にかけて世界の小麦の輸出におけるアメリカのシェアは35〜45％の間を推移している。

アメリカは、小麦による経済収入に加えて、小麦が東西陣営の対立において戦略地政学上の利益に役立つことを知っていた。１９５８年の上院報告書のなかでヒューバート・ハンフリーは、アメリカがソ連より優位に立つことを可能にするべき食糧外交の方針を立てている。この報告書の最初の文章は雄弁だ。

食料と繊維の豊富さは、世界の平和と自由を勝ち取る闘いにおいてアメリカにとって優れた切り札である。大胆さと思いやりをもって十分に活用されることが期待されている切り札だ。［中略］冷戦においては、飢餓の克服における進歩のほうが空間の支配よりも効果的でありうる。［中略］武器ではなく、パンが人類の未来を決定することもできるのだ。[15]

エジプトとイスラエルの平和条約交渉（１９７９年締結）の際、当時の米国務長官ヘンリー・キッシンジャーは、交渉の席に強制力として小麦を持ち出した。[16]アンワル・サダト大統領が条約への署名拒否にこだわるなら、アメリカはエジプトに小麦を渡さない。その続きは、中東の地政学的影響とともに知られている。イスラエルとの和平確立はエジプトにアメリカの保護と援助をもたらしたが、アラブ世界でのリーダーシップを失わせた。サダトの前任者であるガマール・ナセル大統領が唱えた汎アラブ主義とアラブ統一の理想は打ち砕かれ、エジプトが旗手と自負していたアラブ・ナショナリズムに打撃を与えた。

冷戦時代のアメリカの食糧支援の規模はあまり知られていない。１９５４年に設置された「公法４８０号（農産物貿易促進援助法）」、そして「平和のための食料」「進歩のための食料」といった支援計画――小麦が主要産品だった――は、食料安全保障を外部からの供給に頼る国々に対する説得の武器だった。欧米陣営の守備範囲を拡大するためには、農業の積極介入主義がアメリカの影響力と勢力の強化に貢献する。[17]食糧支援の形で小麦を輸出することにより――その目的は文援を受ける国によって異なる――アメリカは食糧面で脆弱な国々の発展に貢献したのだが、同時に消費者をアメリカ小麦――とりわけ「ハード・レッド・ウィンター」〔硬質小麦の品種〕に慣れさせてもいる。アメリカはエジプト、中東向けを中心にほぼ全世界に小麦を輸出しており、アジア(インド、パキスタン、韓国、ヴェトナム、台湾)にとくに力を入れている。[18] 公法480号の適用では合計1億8000万トンの小麦が1959年から82年の間に輸出された。

また、アメリカは自国の食料の安全保障のために小麦の在庫にも気を配っており、同様に、石油の戦略備蓄にならって「自由世界」の在庫にも注意を払っている。1972〜73年の世界的食料危機は穀物ショックに付随して発生した。事実、ソ連は当時とその後も何度か、国内の穀物の不作とブレジネフ＝ニクソンの緊張緩和《デタント》という背景からアメリカ市場の小麦を購入した。アメリカは西ヨーロッパ、中東、アジアへの農産物取引への参入と、最大の敵国の胃袋にも象徴的な進出を同時に果たしたということになる。ソ連が穀物購入の費用を払うのに自国の石油・ガス資源を自慢したとしても、アメリカの小麦を買うことで、象徴的にではあるがソ連は初めてアメリカにひざまずいたことになる。ソ連の大量買付にともない、市場はパニックに襲われ、小麦価格は1974年にトンあたり200ドル以上になった。地政学と穀物相場はここでも密接な関係がある。

最後に、1960年代から世界で農業の生産性――とりわけ小麦の――を劇的に向上させた「緑の革命」が、アメリカのロックフェラー財団によって部分的に促進されたことに言及しないわけにはいかないだろう。同財団は、冷戦時代にアメリカの国際的威光を高める上での先駆的役割を果たした。[19] メキシコでは、1970年にノーベル平和賞を受賞したアメリカ人農学者ノーマン・ボーローグが短稈《たんかん》種の小麦——過去数十年のあいだに小麦の世界生産を飛躍させた事実からすると驚くべき名前なのだが［フランス語では〝小人小麦〟と呼ばれるため］——を開発した。[20] 穀物分野におけるアメリカの勢力は自然の恵みだけによるものではない。資源の価値を高めようとする真の研究された戦略の成果でもあるのだ。

＊＊＊

数多くの出来事や支配戦略において小麦が果たしてきた中心的役割を明らかにするために長い歴史を振り返ってみた。次章では、世界中でますます多くの人々によって消費されるこの戦略的産物が地理的にいかに不平等であるかを見ていこう。

第2章

小麦の地理学──生産と消費

小麦は、古代文明の発生以来、社会の発展の中心的役割を担ってきた戦略的一次産品である。小麦の需要がグローバル化し、人口増加とともに高まってきたが、その耕作は地理的環境に恵まれた地域に限られている。水、肥沃な土地、温暖な気候の3点セットが有利に働く。しかし、そうした条件を満たす国はわずかしかない。都市化が進展し続けるなか、都市部の食料安全保障は為政者の優先課題の一つである。生産の集中と需要の急増により、世界の小麦取引はますます増大している。

小麦の生産地域と生産量

もろい均衡

多くの植物学者や歴史家によると、小麦は、メソポタミア、つまり中東や肥沃な三日月地帯──そこでは紀元前9500〜8700年に農耕が始まったとされる──に起源をもつ。近年の研究によって、小麦の起源の地理的範囲はさらに拡大した。軟質小麦はアナトリア半島からヒマラヤ山脈にかけての南西アジア、硬質小麦は東地中海沿岸や現在のエチオピアまでが発祥の地といわれる。こうした小麦の起源の地域についてはまだ科学的調査が続けられているが、小麦の栽培は非常に古く、何千年も前から栽培、消費されていたことは間違いない。小麦の栽培地は、シルクロードの道筋や大航海などによって世界に拡大していった。この地理的拡大は小麦の特別な性質によるものだ。小麦は、定期的な降雨が成長を促進するような温暖な気候が有利だが、さまざまな気候に適応する植物である。人間が生み出した技術によって栽培は少しずつ広まっていった。そして、農学の進歩や機械化によって耕作面積も生産量も増加した。最初の栽培植物化から最新のゲノム学適用まで、耕作、儀式、文明、宗教などの面で人間と小麦の相互作用の歴史は実に豊富である。[1]

世界各地に栽培が分散することによって、小麦の重要性は増す。地域によって時期をずらして年中収穫されるからだ。生産地は、北半球と南半球で順繰りにシーズンが訪れ、そこには異なる社会、文化、政治的背景がある。[2] 一年中収穫が可能なことは小麦取引に一定の安定性を与える。原則としていつでも小麦が存在することになるからだ。しかし、こうした一見不安のない状況は相対的なものでしかない。というのも、一つの国、あるいは複数の国で収穫量は年によって異なり、生産・輸出大国で生産量低下や気候の異変があると、市場はすぐさま不安定になる。農業――つまり小麦も――に関しては、地理的な要因の重要性を決して見落としてはならない。地球上のどこであっても、高度な予測手段があっても、実際に収穫されるまでは小麦は非常に不確かなものだ。生産量はぎりぎりにならないとわからない。収穫に関する予測不可能性の幅があるために、投機現象を引き起こす。情報が不足したり、故意に隠ぺいされたりすれば、よけいに投機現象は顕著になる。しかも、相互依存する世界の必然的な帰結として、ある地域での不作が国際取引全体に影響を及ぼすこともありうる。ある輸出国に気候異変が起きて不作になると、収穫期に続く数ヶ月のあいだ、その国は世界市場への供給を減らすことも可能だ。構造的に輸入に頼る国は、気候の異変があれば備蓄がなくなってしまう可能性もあるのだ。

したがって、市場のダイナミズムはこの流動的な地理的要因を考慮に入れるのだが、地政学的出来事も価格決定や、国、金融、物流のオペレーターの行動に大きな影響を与える。黒海沿岸の動揺は、この関係式の複雑さをよく表している。2014年にロシアがクリミア半島を支配したとき、穀物相場は跳ね上がった。クリミア併合や、当時のロシアとヨーロッパ諸国、アメリカの間の緊迫した外交関係にもかかわらず、結局ウクライナからの輸出の流れは維持されたのだから、

世界の小麦生産地域

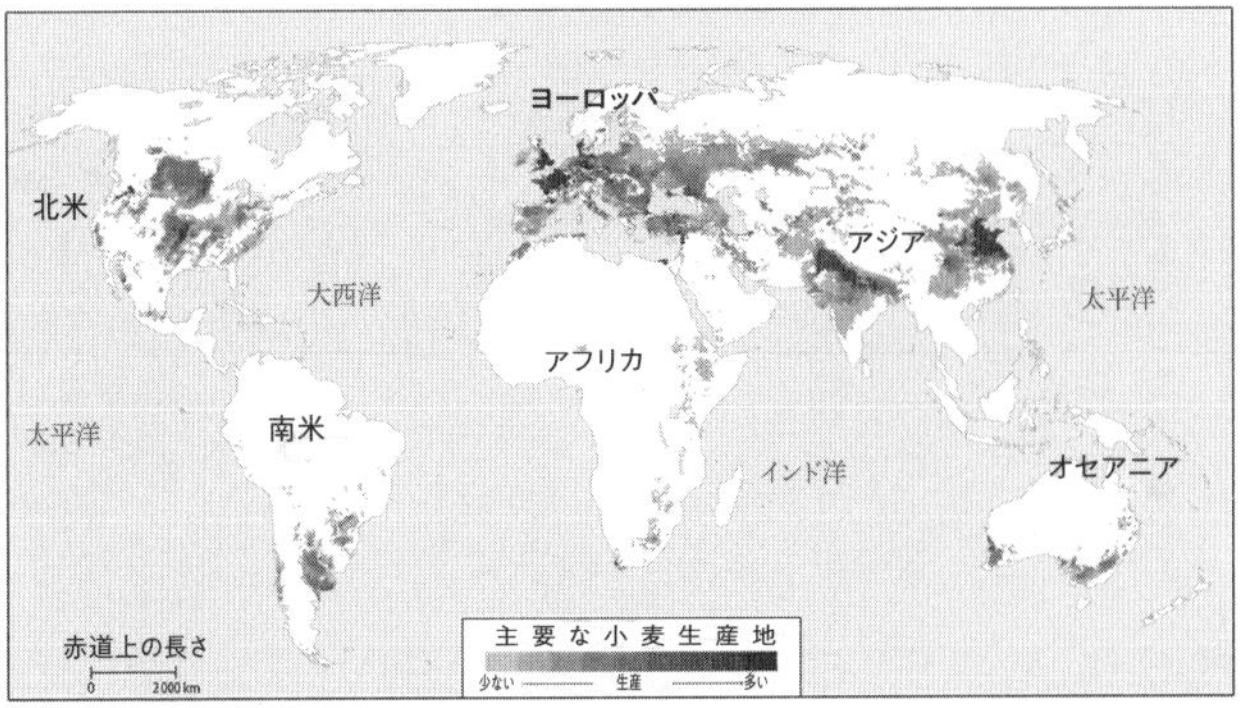

出典：CGIAR http://development.what.org/wheat-on-the-world/

ファンダメンタルズ［経済の基礎的条件］よりも感情が勝ったということだ。2022年にロシアがウクライナを攻撃し、内陸部に侵攻しようとした際は、農産物市場は激しく動揺し、戦争とともに穀物価格は高騰した。この時は、ウクライナは穀物の国外輸送を維持できなかったからなおさらである。戦争の泥沼化とともに、ウクライナの生産・輸出能力という不確定要素のために、小麦の市場価格は数ヶ月間にわたり、これまでにない高値が続いた。

つまり、穀物の相場と流通量は、農業面の要因だけでなく、農業生産者の働きや天候や食料消費とはまったく無関係な要因によっても変化する。ある国あるいは国際的舞台における政治的な不測の事態に固有のリスクは、穀物市場を乱高下させる。しかも、小麦は高度にグローバル化された作物だ。小麦は毎年、生産量の平均25％が世界市場に流れる。農産物全体では10％だ。もちろん、非常に生産地が限定されたカカオやコーヒー豆は90％と最も高いし、大豆は30％ではあるが……。そのほかの穀物では、大麦は概ね20％、トウモロコシは13％、コメは10％である。こうした数字から、食料の基礎となる農産物の取引は非常に重要であるとともに脆《もろ》いことがわかる。小麦は世界の何十億という人々の毎日の食料として消費されるのに、生産国の数は少なく、つねに輸出する国はさらに少ないのである。

世界的な不平等

小麦に関する現在と未来の課題を十分に理解するために、もう少し掘り下げてみよう。この100年間で世界の人口は4倍になった――1920年の20億人から2020年代初めには80億人に――一方で、世界中の小麦の生産と消費は同じ時期に8倍近くに増加した。農業生産者は、過去にない需要の高まりに対して労働で応えるすべを知っていたのだ。この生産性向上は環境や生態系への影響なしではすまなかった[3](生産と持続性についての問題は本書の第5章を参照されたい)。さらに、小麦生産の一連の発展と地球上の地域間の際立ったばらつきも露呈している。

19世紀末の小麦の世界生産量は６０００万トンと推定される。ヨーロッパに第一次世界大戦が勃発した頃は、およそ1億トンだった。１９５０年代の初め、技術の進歩の影響が表れ始め、国際舞台で一定程度の平和が実現されて農業界に安定性が与えられたことで、2億トンの大台を超えた。１９６０年代半ばには3億トンになった。したがって、1億トンの生産を増やすのに、20世紀前半には50年近くを要したのに比べ、後半にはわずか20年もかからなかったことになる。品種改良と機械化によって、とくに北米、オーストラリア、ヨーロッパでは生産性が飛躍的に向上した。21世紀に入るときには、すでに6億トンを超えていた。２０１１年には7億トンという新たな段階を超えた。新記録はつい最近の２０２１年の7億８０００万トンだ。２０２５年の直前あるいはその前後に8億トンを超えることは十分にありうる。この数字は増加し続ける需要量も反映している。実際、都市化と人口増加により、世界の小麦消費はここ50年以上、伸び続けている。今世紀もその上昇曲線が続くのかどうかを知るのは難しいだろう。20世紀にみられたような世界の小麦生産の急速な発展が将来も続く保証はどこにもない。未来の発展のスピードは気候変動や消費量、さらに技術革新次第だろう。

生産量増加のスピードが近年減速したこと、需要と供給の開きが少なくなったことは認めざるをえない。事実、21世紀初め以降、小麦の需要が生産量を上回った年は11回ある。２０００〜13年に8回、２０１８〜21年に3回だ[4]（２０１３〜18年は小麦の収穫が毎年、全消費を上回るという、いわば小康状態だった）。この2つの期間は、備蓄に手をつけたために在庫が減り、小麦相場が高騰するという、市場が非常に緊張した時期でもあった。過剰の場合も不足の場合も、その差異はわずかだったことを付け加えるべきだろう。数億トンの全体のうち数百万トンの過不足である。それでも、過不足が生じるとすぐに、価格の変動と関係者の不安が生じるのだ。地球上の人々がすべて小麦を消費して需要が高まる傾向にあるとしたら、生産量のほうは気候リスクや地政学的リスクを考慮すればますます変化が大きくなるだろう。別の言い方をすれば、世界の

世界の小麦生産量の推移

世界の小麦収量（100 万トン）	左の数字を超えた年	2 つの大台数字の間の年数
50	1880 年前後	
100	1910 年前後	
200	1950 年前後	およそ 40 年
300	1966	およそ 15 年
400	1976	10 年
500	1984	8 年
600	1997	13 年
700	2011	14 年
800	2023/2025?	
900	2040-2060?	
1000	2050-2080?	

出典：FAO（ただし、未来に関しては著者の予想）

小麦地帯と輸出国がダメージを受ける余地はないということだ。もし、収穫の低下が起きれば、市場への影響や世界の食料安全保障への影響は例外なく感じられるだろう。

生産者への影響も忘れてはならない。価格が上昇すれば、消費者や大量に小麦を輸入する国は不安になるだろうが、価格があまりに低いと生産者に影響を与えるのである。もし生産コストが収入を上回れば——そういうケースは頻繁に起こる——その経済ショックに長期間耐えることは難しくなる。そうしたショックは不利な気候異変や既述したような地政学的危機の場合に生じるが、そうしたことからも、農業はますます多くの不確実要素と折り合いをつけなければならなくなっている。より多くの人々が入手できるように小麦の価格が高くなりすぎないよう望むのは当然だ。しかし、低すぎる価格も供給面のリスクとなる。妥協点を見つけるのは難しいが、値段が最高の肥料だという農業界の格言もある通りだ。きわめて有利な価格という牽引力なしに、ここ数年、果たしてこれほどの量の小麦を生産できただろうか？　つまり、もし小麦耕作の経済的利点がより低かったら、需要と供給の開きはより大きかったのではないだろうか？　土壌の状態によって世界中で小麦を栽培することができないのだから、国によっては十分な収入を保証されていないとか、小麦生産への支援措置がライバル国に比べて劣っているといった理由で戦略的な競争力が欠如するために、小麦が魅力に欠ける作物になりうるのだ。

ここで、生産空間の問題が浮上してくる。今日、小麦は2億2000万ヘクタールの総面積で種をまき収穫されている。世界の耕作地全体の約8分の1という大きな割合を占め、ほかの作物と比べても多いが（年間12億トンの生産で農業生産のトップであるトウモロコシはほぼ同じ耕作面積で2億ヘクタール。5000万ヘクタールの大麦の4倍、400万ヘクタール未満のコメをはるかに上回る）、世界地図の上では比較的小さい。フランス本土の面積は5500万ヘクタールだ。つまり、世界の小麦消費全体は、フランスの4倍にあたる面積の生産に頼っているということだ。小麦の耕作面積は1980年代初めに2億4000万ヘクタールに達したが、1960年代以降、2億2000万ヘクタール前後で安定しており、生産性の向上が世界の小麦生産の増加の原動力になっている。1960年〜2020年の間に、1ヘクタールあたりの平均収量が3倍になるという画期的な躍進を遂げた。この飛躍は小麦の品種改良[5]、さらに生産性の向上に成功した生産者のよりよい栽培姿勢によるものであって、耕作面積が大きくなったからではない。仮に、1970年から2020年にかけて消費量と生産量が2倍になった増加曲線をたどるために耕作面積が増えたと仮定すると、現在の耕作面積は、世界の全農耕面積の3分の1弱に相当する4億5000万ヘクタールに達していただろう。これほど増えたとしたら、ほかの生産や土地利用が犠牲になっていただろう——そうでなくても土地はすでに渇望の的になっているのだから……。とはいえ、以上の数字は、収穫に時期のある点や、地域によってかなり対照的な生産の現実を考慮に入れる必要がある。

小麦はすべての大陸で、季節をずらしてほぼ一年中収穫があり、冬小麦と春小麦とに区別されることもある。単純化していうと、北半球の主要生産国は6〜9月に収穫する——ただし、インド、エジプト、中国は4〜5月から収穫する。南半球——生産は少なく、地理的にも限られていて、主にアルゼンチンとオーストラリア——では、収穫は11月から1月だ。すべての国の栽培サイクルのなかで、降雨量が農業生産者と小麦市場オペレーターから最も注目される要素の一つである。彼らは穀物栽培に不可欠な雨の状況から将来の価格形成を見越すのだ。正確な生産の状況を知るにはつねに収穫の終わりを待たねばならないのだが、実際、降雨量によって収穫される小麦の量と品質が決まる。ここで、小麦の地政学を形成するニュアンスを理解するためには、小麦は世界で毎日消費されるのに対し、生産国では年に1回しか収穫がないということを心にとめておく必要がある。生産国は、小麦栽培に適した気候に恵まれ、農業労働と収穫に有利なバックグラウンドがなければならない。干ばつ、自然災害、物流の滞り、紛争などは容易に状況を覆すことができる。

さらに、小麦の耕作面積の大きさや、生産性のレベルは同じではない。小麦の栽培面積の半分以上はインド、ロシア、欧州連合、中国、アメリカにあり、9割にあたる2億ヘクタールは25ヶ国に集中している。国によって生産性には大きな差があり、ドイツやフランスはヘクタールあたりの小麦収穫量がインドやアルゼンチンの2倍、中国はロシアの2倍だ。次の図には入っていないが、オランダとベルギーの生産性の高さ（8・5トン／ha）や、エジプトやサウジアラビアのそれ（6・5トン／ha）は賞賛に値する。逆にカザフスタンは耕作面積がかなりあるにもかかわらず、生産性の平均値は非常に低い（1・2トン／ha）。現在のこの差異は、実際はまったく異なる経緯をたどってきた。1970年から2020年の間に、中国は生産性を380％上げた。同時期にフランスは100％、アメリカは50％の生産性向上だった。イラク、モロッコ、アフガニスタンは今世紀の小麦の生産性が最も大きく上昇した国である――年によって大きな開きはあるのだが……。世界全体でみると、小麦の生産性は現在3・4トン／ヘクタールで、1970年代初めの2倍になった。ただし、20年単位でみると、1960～80年は70％増、1980～2000年は47％増、2000～20年は26％増と増加率は次第に低くなる。

小麦の生産性のこのような差異は、もちろん地理的条件（土壌、気候など）によるのだが、労働――経験と教育が重要な要素である――や技術手段の重要性を過小評価してはならない。それに加え、農業力はとくに生産の安定性となって表れる。その観点から言うと、気候が温暖

小麦の耕作面積の上位25ヶ国とその平均生産性（2018～21年）

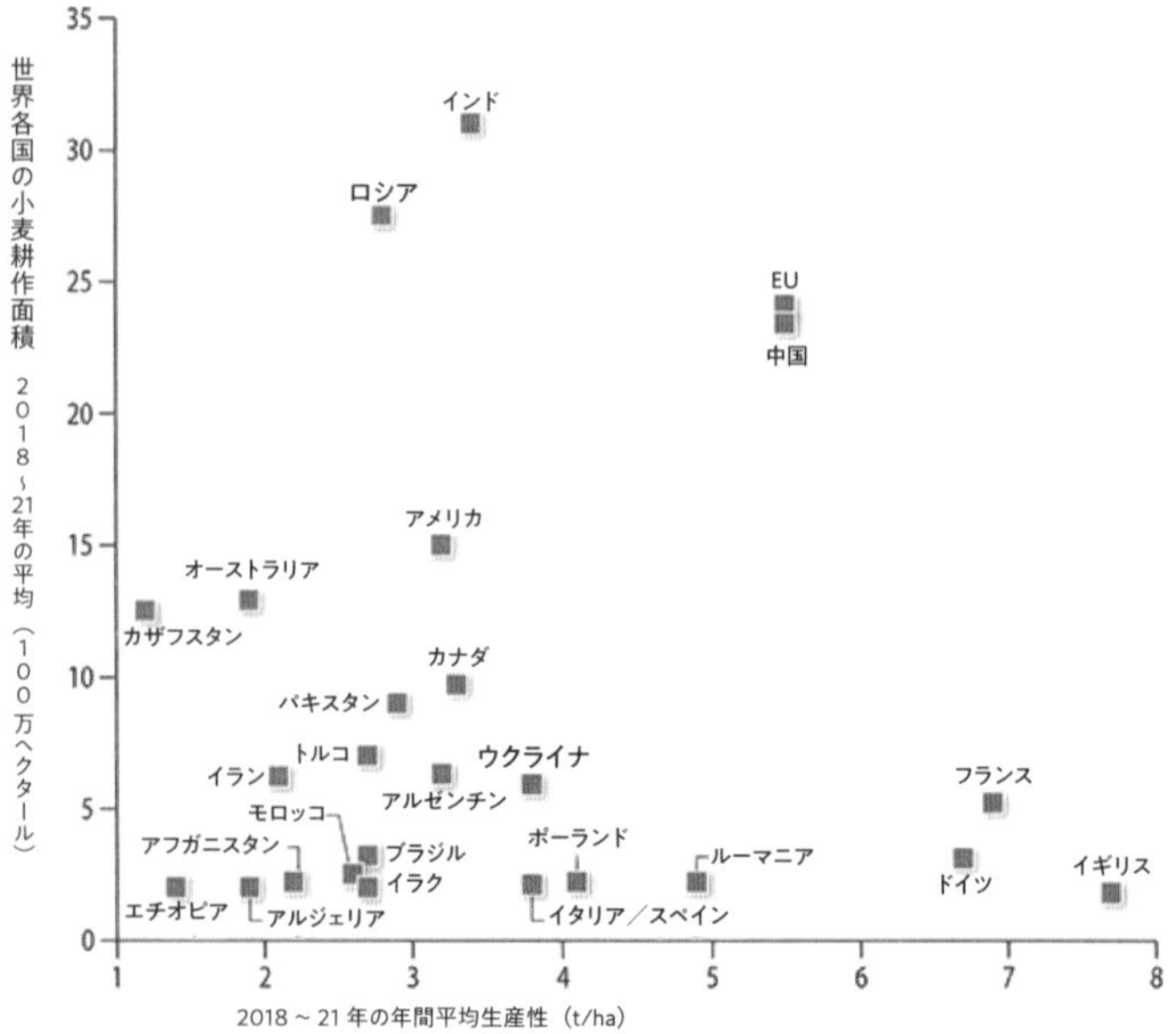

出典：FAOの2022年のデータに基づいた著者による計算と作成

な国々が生産や生産性が安定している。たとえば、西ヨーロッパは、大きな気候ショックが起こりうる他の国々よりは平穏に毎年の収穫を把握できるような生産の規則正しさを享受している。気候面の不安定さが増せば、世界の食料安全保障の揺れが増大し、地政学的な相互依存や小麦をめぐる戦略的対立が高まる。[6]

そのためには、人々の生活に必要不可欠な穀物の現在と未来の生産地図を正しく把握する必要がある。小麦は世界１２０ヶ国で栽培されているが、生産量のほとんどは、そのなかの一握りの国に占められる。毎年、収穫高は変わっても、主な傾向は変わらない。21世紀初め以降では、15ヶ国の生産大国が世界の生産の80％を占める。27ヶ国をまとめるＥＵが支配的地位にあることを強調することはできるが、ランキングの上位3位を占めるのは中国、インド、ロシアで、この3国で世界生産の42％になる。これに続くのがアメリカだが、世界生産に占める割合は２０００年の10％から２０２１年は６％に下がっている。次の表を見ると、アジアの二大大国、中国とインドは合わせて、１９７０年には世界生産の16％しか生産していなかったが（同年、ソ連は30％）、今世紀初めには30％に跳ね上がっている。この点が小麦生産国のランキングの大きな変化だが、ロシアとウクライナの生産量がソ連の崩壊した１９９０年代に比べて大きく増加したことを強調するべきだろう。中国とインドがこれほど大量の小麦を生産するのは、他に類を見ない国内需要に対応しているからだ。両国はそれぞれ14億人——両国合わせて世界の人口のおよそ3分の1を占める——を養わねばならない。反対にロシアは世界生産の10％を占め、人口規模（世界人口の２％）に比べて割合が大きい。人口の５％しか占めない欧州連合が世界生産の18％を占めるのも

1970年～2021年の世界の主な小麦生産国（100万トン）

	1970	1970年の世界生産に対する割合%	1980	1990	2000	2000年の世界生産に対する割合%	2010	2010年の世界生産に対する割合%	2021	2021年の世界生産に対する割合%
EU	59	19	87	115	130	22	135	21	138	18
中国	29	9	55	98	100	17	115	18	137	18
インド	21	7	32	50	76	13	81	13	109	14
ロシア					34	6	42	7	75	10
アメリカ	37	12	65	74	60	10	60	9	45	6
オーストラリア	8	3	11	15	22	4	22	3	36	5
フランス	13	4	24	33	37	6	38	6	35	4
ウクライナ					10	2	17	3	33	4
パキスタン	7	2	11	14	21	4	23	4	27	3
カナダ	9	3	19	32	27	5	23	4	22	3
アルゼンチン	5	2	8	10	15	3	10	2	22	3
ドイツ	8	3	11	15	21	4	24	4	21	3
トルコ	10	3	16	20	21	4	20	3	16	2
イラン	4	1	6	8	8	1	12	2	12	2
カザフスタン		0			9	2	10	2	12	2
エジプト	1	0	2	4	6	1	7	1	10	1
2021年の上位15ヶ国の合計					467	80	504	79	612	78
ソ連	94	30	92	102						
世界	310		440	590	585		640		780	

出典：アメリカ合衆国農務省（USDA）のデータに基づいた著者による計算と作成

同様だ。

需要と利用法

生活に不可欠な小麦は大きな不均衡の問題を抱えている。生産は増えてはいるものの、産地は地球上に不均衡に散在している。需要は増大し、その利用法も多様化している。

人口増加、都市化、食料の圧迫

不確定要素が多いため、人口問題は論争を呼ぶ。ただし、人口増加の終焉《しゅうえん》はすぐではないことだけは確実だ。国際連合の専門家が予測するように、今世紀の終わりの30年に世界人口は１００億から１１０億あたりで安定するかもしれない。別の予測[7]では、人口減少プロセスによって２０６０年代をピークに２１００年は80億〜90億人とされている。全世界で高齢化が進んでいるとはいえ、２０００年には世界の人口は60億人だった。21世紀は人口減少の世紀だと声高に言うことは、80億、90億、１００億や１１０億が60億より大きな数字だと認めないということになるのだ！　したがって正しく言い直す必要がある。今世紀は、前世紀半ばに始まった人口の爆発的増加の後、世界規模で人口減少が起きる世紀であると。実際、１９５０年に25億人だった人口は１９８７年に50億人と、約40年で2倍になった。同様に、１９７０年から今日までに40億人から80億人になった。１００億人の大台は２０５０年あたりで超えるだろう。そのとき、アジアの人口は地球の半分を占め、アフリカは4分の1を占めるだろう。アフリカ大陸のダイナミズムは歴史上稀にみるものだ。1950年は2億人、現在13億人、2050年は25億人と予想される。現在アフリカ人の40％が15歳未満であることからすると、今世紀の人類の出生の半分はアフリカで起きるということだ。

これらは統計上の数字にすぎないのではない。この数字は人間であり、例外なく食べる——可能なら毎日、そして日に何度か——必要がある。21世紀初め以降、20億人の人口、同じ数の潜在的消費者が増えた。現在、人類の食卓につく人は1時間あたり1000人増え続けている。他方で、重大な貧困者の世界人口に対する割合は1990年の36％から2020年は10％に減少した。増加した中流階級は2010年代末には社会人口学的に支配的になった。概して、こうした世界的な中流階級の急増は、食料消費の増加とよりよい品質の要求が増えることを意味する。その多くはアジア人である。アジア地域では小麦製品の需要が大きく伸び、地球上で消費される小麦の半分はアジア地域で消費される。

この点から、世界の人口予想の増減のバリエーションがどうであれ、食料需要の全体的な推移に対応する必要があるだけでなく、人口が大きく増加する地域により多くの量を供給しなければならない。ある国々では過剰消費や、食料供給に不利益を与える食料の損失や浪費が減少するかもしれない。しかし、これほど膨大な需要を前にした農業生産の課題の現実を直視しないことは不用意だろう。将来、地球がより都市化されることも、小麦の地政学に影響を与えないはずはない。2030年には人類の3人に2人は都市に住むことになるだろう。生活水準の上昇とともに都市化も食習慣に影響を与える。肉製品や加工食品の消費が増え、パンの消費も増える可能性が高い（パンは保存がきくうえ、移動が頻繁で食事時間の短い都市生活では持ち歩きやすい）。この傾向はとりわけ、家畜だけでなく、人を養うために穀物の需要の増加をともなう。人が消費するカロリーの半分はつねに穀物の摂取――地域によって割合は異なるが小麦とコメが大半――による。国連食糧農業機関（FAO）の資料によると、小麦だけで人類が摂取するカロリーの18%、タンパク質の20%をまかなうという。この割合はヨーロッパではそれぞれ25%と27%である。一番高いのは北アフリカでそれぞれ35%と38%にも上る。世界の平均で年間に一人あたりが消費する小麦は約70キログラムだが、地域や国によって著しい差異があることに注意すべきだろう。

この表が示すように、FAOと経済協力開発機構（OECD）は世界の人々の小麦消費量の増加を予測しているが、一人あたりの平均年間消費量の増加は予測していない。つまり、ここでも地理的な特殊性を見逃してはなら

世界の地域ごとの小麦消費の現状と予測

	小麦の食用消費量（100万トン）		住民1人あたりの年間小麦消費量（キログラム）	
	2018 ～ 2020年平均	2030年予想	2018 ～ 2020年平均	2030年予想
世界	525	585	68	68
北米	29	30	80	78
ラテンアメリカ	36	39	56	57
ヨーロッパ	80	80	107	107
アフリカ	65	81	50	48
アジア	306	342	67	69
オセアニア	3	3	69	70

出典：OECD-FAO Agricultural Outlook 2021-2030

ないということだ。たとえば、ヴェトナムやインドネシアといった東南アジアの国々では麵類やパスタの消費増などで小麦の大幅な消費増が予想されるし、サハラ以南のアフリカの人口増による消費増も忘れてはならない[8]。この点で、アフリカ大陸一の人口を誇る「基盤のもろい巨人」ナイジェリアの例は注目に値する[9]。この国の小麦の年間消費量は2000年から2021年のあいだに100万トンから600万トンに増えたのだ。ヨーロッパ、北米、アラブ世界の現在の消費レベルは似通っているが、食料全体に占める小麦の割合はつねに高い。

今日、小麦は40億人近い人々の主食とみなされており、世界の食料安全保障の問題と切り離して考えることはできない。アジアとアフリカは現在と将来にわたって、一人あたりの年間消費と全体的な需要が最も増加している地域である。このことから、北米、ヨーロッパ、ロシアという輸出国から小麦を輸送するための海上輸送や、都市に定期的に小麦を輸送するための陸上輸送の物流計画など、この2つの地域への供給は大きなチャレンジであると強調するべきだろう。しかも、アジアやアフリカの都市はアメーバ状に広がる傾向にあるので、農産品の物流チェーンや食料品の流通のメカニズムはより複雑にならざるをえない[10]。

小麦の消費方法の多様さ

小麦は品種が多様で、使用する小麦のタイプや地域ごとの食習慣により、消費方法が非常に幅広い穀物である。そのほとんどを人が消費する。余剰分や品質に欠陥のある小麦だけが家畜用に消費される。ルーツは同じだが、使用法が非常に異なる2つのタイプの小麦がある。一つは軟質小麦（小麦粉の80％はこの小麦から作る。タンパク質の含有率は13～14％）で、最も使用が普及している種類である。それは小麦の主な4つの消費方法に使われるからである［フランスの分類方法による］。その4つのなかで、まず「バゲット」と呼ばれるパンがある。主にフランスや旧フランス植民地帝国の国々（とくにヴェトナム）で消費される。第2に、北米で広く栽培される「ハード小麦」と呼ばれる品種から作られる英国風の食パンタイプ。これは主に英国やナイジェリアなど旧大英帝国植民地で消費される。第3の「ガレット」［丸くてうすいパン］は主にギリシャや中東で食される。第4のものは主にアジア、とくに中国北部で消費される蒸しパンの類である。軟質小麦からは、とりわけ、発展途上国で現在消費が急増している中華麵などの麵類も作られる。パンが作られ消費される地域ではどこでも、いつの時代でも、技術革新や、社会や規則の変革が頻繁だった。[11] 硬質小麦（粒が硬くガラス状で、タンパク質含有率は14～16％）のほうは、主にマグレブ諸国（北アフリカ）[12]でそのままセモリナとして消費されるほか、とくに世界で消費が増え続けているパスタ類に使われる。現在、硬質小麦は世界の小麦総生産のわずか4％にしか満たない３５００万トンであり、北米と地中海沿岸を中心とした地域の１７００万ヘクタールで収穫されている。硬質小麦の市場は非常に限定されており、生産の25％がＥＵ、15％がカナダ、10％がトルコに集中しているために市場が非常に敏感である。また、硬質小麦の世界の輸出の平均3分の

2はカナダからである。したがって、カナダはこの分野で非常に重要な役割を果たし、その輸出の流れを左右することができる大国である。カナダが２０２１年のように干ばつに見舞われると——同年には硬質小麦の収穫が50％減少した——収穫に続く数ヶ月は世界中でパスタの値段が上がった。

小麦の利用法と習慣

小麦は生命そのものである。乳児にとってのミルクと同じように、大人にとっては主食だ。小麦粉は主要な栄養素をもたらす。デンプンとタンパク質を含有しているため、エネルギーを作り、筋肉を強くする。したがって、日常生活に欠かせない。とりわけパンは脂質および飽和脂肪酸が少ない。よって、食品の栄養バランスに貢献する度合いは大きい。満腹感を与える効用もあるため、食卓にパンがあるだけで人々が満足する——生計が許せば、そこにほかの食品が加わる——ことは驚くべきことではない。水やソースをともなうパン[13]だけの食事は今日でも何千万人という人々の日常だ。毎日パンを食べられることは彼らの優先事項である。地球上のほかの人たちにとっては、パンが食卓にあることはあたりまえの風景であり、なければ残念ではあるが、パンの存在はほかの快適な要素の一つであり、平凡なものにすぎない。だが、すでに言及したように、パン不足が先進国を弱体化させたり、政権を脅かすことがあったのはそんなに昔のことではない。今日、日常生活における小麦やパンの重要性を思い出すことはとりわけ大切だ。貧しい国のパンの必需性――とりわけ、国内生産が国内需要すべてをカバーできないエジプト、ナイジェリア、インドネシアなどの国々――や、パンの値段の高騰のために起こる社会不安を理解するためにも重要である。小麦やパンの消費が最も多い地域（北アフリカ、中東）や増加している地域（アフリカ、東南アジア）は地政学的に見ても最も不安定な地域に含まれることを強調すべきだろう。主食である小麦やパンへの公的補助金の役割は、古代ローマ時代と同様に人民の反乱の発生を抑えるのに決定的なことは明らかだ。したがって、古代文明の発生時からつねに存在し、世界史の中心的役割を果たす小麦は、耕作における重要な地位――まずは地中海地域において[14]――を占めるのである。アラビア語の「aysh」は「パン」と「生命」の両方の意味がある。言語と食料には共通する長い歴史がある。標語なども同様だ。食糧農業機関（ＦＡＯ）のスローガンは、「万人にパンを」という意味の「Fiat panis」ではなかっただろうか？

小麦は日常言語の一部

農業工学者・作家のジャン＝ポール・コレール氏は、著書『Céréales : La plus grande saga que le monde ait vécue』（穀物――世界が体験した最大の伝説）のなかで、小麦に重要な地位を与える、世界で使われている格言の表現を好んで紹介している。なかには、現代の戦略に呼応するものもある。「悪魔とともに小麦の種をまく者は、ドクムギを収穫する」（トルコ）、

「憶測では穀物倉はいっぱいにならない」（アフリカ）、「穀物をもう一粒入れることができるなら、袋はまだいっぱいではない」（イタリア）、「うまく種をまけば小麦がとれる」「小麦のない人民は、邪悪な集まりをつくる」（フランス）などだ。季節や各月に関しても、小麦は登場する。「2月の雪は小麦によい」「4月に雨が降れば、夏には豊作」「5月に水があれば、年中パンに不自由しない」「6月に天気がいいと、穀物が豊富」「聖エレオノールの日（12月28日）に雪が降れば、大豊作」（フランス）などだ。

小麦は宗教の信仰にも非常によく引き合いに出される。新約聖書の有名なたとえ話でマタイ福音書の「よい種とドクムギを分ける」という表現は、善と悪を区別しなければならないという意味である。ドクムギはイネ科の野生植物だが、人体に有害で、人に過激な行為をとらせるために、フランス語の「酩酊《めいてい》 ivresse」の語源となっている。また、フランス語では社会的・経済的ないくつかの表現がある。「麦がある」はお金があることだが、反対に「麦のように刈られる」はお金がまったくないことを意味する。同様に、パンも日常会話に頻繁に出てくる。「まな板の上にパンがある」は仕事をたくさん抱えているという意味、「白いパンを食べる」は仮によい状態であることを示すし、「それはパンを食わない」はリスクがないことを表す。

小麦は利用法が非常に豊富で進歩している穀物である。第1の利用法は人のための基本的な食料――パン、パスタ、ビスケット、お菓子などさまざまな形がある――で、最も広く普及し、よく知られた利用法だ。現在、年間生産7億8000万トンの70%は食用である(5億5000万トン)。この割合は長期にわたって安定している。小麦は加工が必要ではあるが、そのまま食用に利用されるという点が特徴の一つでもある。[15] グルテン[16]のようにごく一部の人たちに適応しない成分もあるが、穀物、とりわけ小麦は複数の栄養的メリットをもたらす。[17]

飼料用の小麦はおよそ20%で、年間1億5000万トンに相当する。うち4000万トンがEU、3000万トンが中国、2000万トンはロシアで使用される。この3つの地域・国ではアメリカやアルゼンチンのように家畜飼料用の大豆を生産していない。過去には品質の劣る小麦や余剰小麦が飼料用とされていたこともここで言及しておいたほうがいいだろう。今日では、タンパク質を豊富に含んだ高品質の小麦を求める畜産業者も多い。タンパク質は家畜の飼料に大切なものだが、栄養補給剤の形では高価なのだ。

以上に加えて、20世紀末から小麦の工業的利用が新たに発展した。量にして世界で2500万トンと割合は少ないが、この利用法が多い国もある。具体的には、エネルギー生産のために小麦を用いるバイオエタノールや、特殊なプロセスによって小麦粉からデンプンを抽出することである。デンプン抽出産業は近年、発展しており、菓子製造など多くの食品の成分として利用されている。植物化学はエネルギー移行に貢献する新たな可能性を提供するとともに、今世紀の重要な工業的・科学的な発展の一端を担う。その他の小規模な小麦利用法はたくさんある。白ビールの主成分であるモルトの生産、小麦胚芽油――価格が高いのでそれを使った化粧品は高価だ。最後に、小麦生産の一部は種として使われ、世界生産の5%近くにあたる4000万トンだ。

＊＊＊

時代や都市化とともに小麦の消費はグローバル化されたが、栽培は特殊な地域に限られる。そして、社会的、文化的な象徴に満ちたパンなど食料安全保障のカギとなる多くの製品を作り出す。しかし、小麦の利用法はさまざまであり、利用法のあいだで競争が起きることもある。次の章では、小麦の貿易がどれほど戦略的であるか、世界の地経学的変遷に応じて小麦取引がどう変わってきたかを見ていこう。

第3章 小麦の地経学《ジオエコノミクス》――貿易、物流、取引

小麦の栽培は時空間的に拡大したが、その生産は気候、政治、あるいは社会経済のリスクに連動している。また、きわめて少ない国に集中している。古代と同様に、現在でも世界の多くの国々は国内需要をカバーするために輸入に頼らなければならない。農産物の物流体制は、人口増加や都市の食料安全保障、さらに生産・輸出地と消費地の地理的距離のため、ここ数十年のうちに強化された。小麦の移動は戦略的である。したがって、輸出入の流れの力学を詳しく見て、小麦のルートには多くの落とし穴があることを理解することが重要だ。

小麦貿易の世界地図

輸出は活発だが、輸出国の数は少ない

2020年代初めの現在、世界の小麦生産の約25%にあたる2億トンが毎年、国際市場に流れている。この量は20年前の2倍にあたり、しかも、当時は世界生産の15%しか取り引きされていなかった。つまり、21世紀に入ってからは小麦の国際取引は、量も、生産量に対する割合も増

えているのだ。もう少し時をさかのぼると、1970年代の小麦の貿易量は5000万トンだったのが、わずか半世紀後には4倍になっている。たとえば、トウモロコシの年間国際取引量は1億8000万トン、大豆は1億7000万トン、砂糖は6000万トン、コメは5000万トン、魚は4000万トンだ。したがって、小麦の取引はあらゆる他のベーシックな食料より多い。別の観点からこのダイナミズムを表現してもいいだろう。2000／01年から2020／21年までの小麦の国際取引を総計すると3兆キログラム［30億トン］近くにも達する！　この3兆キログラムのうち9000万キログラムが過去5年間（2016／17年～2020／21年）に取り引きされていることを挙げれば、右記の増加が加速していることがわかる。

2000／01年から2020／21年にかけて農産物、穀物、小麦の国際取引は量でも（2倍）、取引額でも（3倍）上昇したことは明らかだ。次の表から、そうした構造的傾向が読み取れるが、別の重要な点も指摘できる。つまり、穀物は世界の農産物取引量の3分の1を占めるが、価格にすれば10％にすぎない。小麦に限れば、世界の農産物取引額の5％だが、世界の一次産品取引額全体の1％にすぎない。新型コロナウイルスのパンデミックで国際取引が停滞したにもかかわらず、2020年に600億ユーロという取引額と史上最高の取引量の小麦が海を渡ったということは、小麦のレジリエンス、不利な状況下での移動の重要性を認めないわけにはいかない。小麦の取引は食料安全保障に不可欠であり、スムーズな流通が人々の生活に重大な影響を与えるためにさまざまな障害を乗り越えるのである。ここで再び、小麦は主に食用であることを強調すべきだろう。そのことが世界的なスムーズな移動も含めて、小麦に決定的な役割を与える。

今日、小麦を生産し、かつ輸出する国は非常に少ない。中国とインドは世界で1、2位の生産国だが、人口が多いために小麦を輸出しない。インドは特別な豊作の際に余剰分を世界市場に放出することはあるが、それは国内で小麦を持続的に保存するのに十分で効率的な貯蔵能力がないために、商業用語でいう「現金化する」ことを好むからだ。小麦の世界生産の80%を15ヶ国が占めていることはすでに述べたが、輸出国の構成を見ることで地政学を読み解くカギが見えてくるだろう。つまり、世界の輸出の80%は8ヶ国に占められている。ロシア、アメリカ、カナダ、オーストラリア、ウクライナ、フランス、アルゼンチン、カザフスタンである。原油や天然ガスの輸出国の寡占をうらやむ必要がないくらい、あまりに限定されている。これらの国の多くは――たとえばフランスはそうではないが――すでに前世紀にその地位にあった。世界における穀物大国の独占状況は、近年の経済大国や政治大国が経験したような混乱――いくつかの先進国は勢力を分け合うことを余儀なくされ、商業的ま

2000 ～ 20 年の農産物の国際取引の推移

	農産品		穀物		小麦	
	取引量（100万トン）	取引額（10億米ドル）	取引量（100万トン）	取引額（10億米ドル）	取引量（100万トン）	取引額（10億米ドル）
2000	900	400	280	45	105	20
2005	1100	620	320	60	115	25
2010	1900	1000	385	110	130	45
2015	2200	1100	490	135	160	55
2020	1600	1200	550	150	200	60

出典：Resource Trade, ITO

たは戦略的影響力が相対的に弱まった——に遭遇していない。

今世紀初めに比べると、現在はおよそ1億トンの小麦がよけいに毎年市場に放出されている。これは北米からでも西ヨーロッパからでもなく、黒海由来のものだ。この地域はソ連時代の例外的時期を終え、20年前から世界市場に戻ってきた。歴史を長い目で見ると、中国が世界経済の舞台に戻り、黒海沿岸の国が世界の穀物地図に復活したのだ。ロシアは一国だけで19世紀後半から1917年の共産革命前までは世界の小麦の輸出の半分をまかなっていた。ここ20年間の急激な変化を理解するためには、先の8ヶ国の小麦輸出の能力の向上について考察するとともに、その量を足し算することが望ましい。その点で次のグラフは説得力がある。アメリカは2000〜21年の間、5億9500万トンと世界最大の輸出国で、カナダ、ロシア、EUさえもしのいでいる。しかし、2010年から2021年の数字を見ると、ロシアはアメリカと肩を並べている。2016年から2021年の過去5年間に絞ると、ロシアは1億8200万トン、アメリカは1億2500万トンで、その逆転はより明確だ。ロシアは2016年以降、世界最大の小麦の輸出国となり、毎年、平均で国際取引の20%強（アメリカが2000年に持っていたシェアと同じ）を占めている。

同じように、ウクライナも2016年以降は9000万トンの輸出量でフランスとオーストラリアを抜いて伸長している。この2国は、2000〜21年の期間で見ると、ウクライナにそれぞれ1億4000万〜1億5000万トンの差をつけて上回っていた。だが、ウクライナはロシアにならって世界の小麦市場で急激な発展を遂げ、今では世界の輸出の10%を占める。この数字

世界の小麦輸出大国および2000年以降の期間ごとの傾向

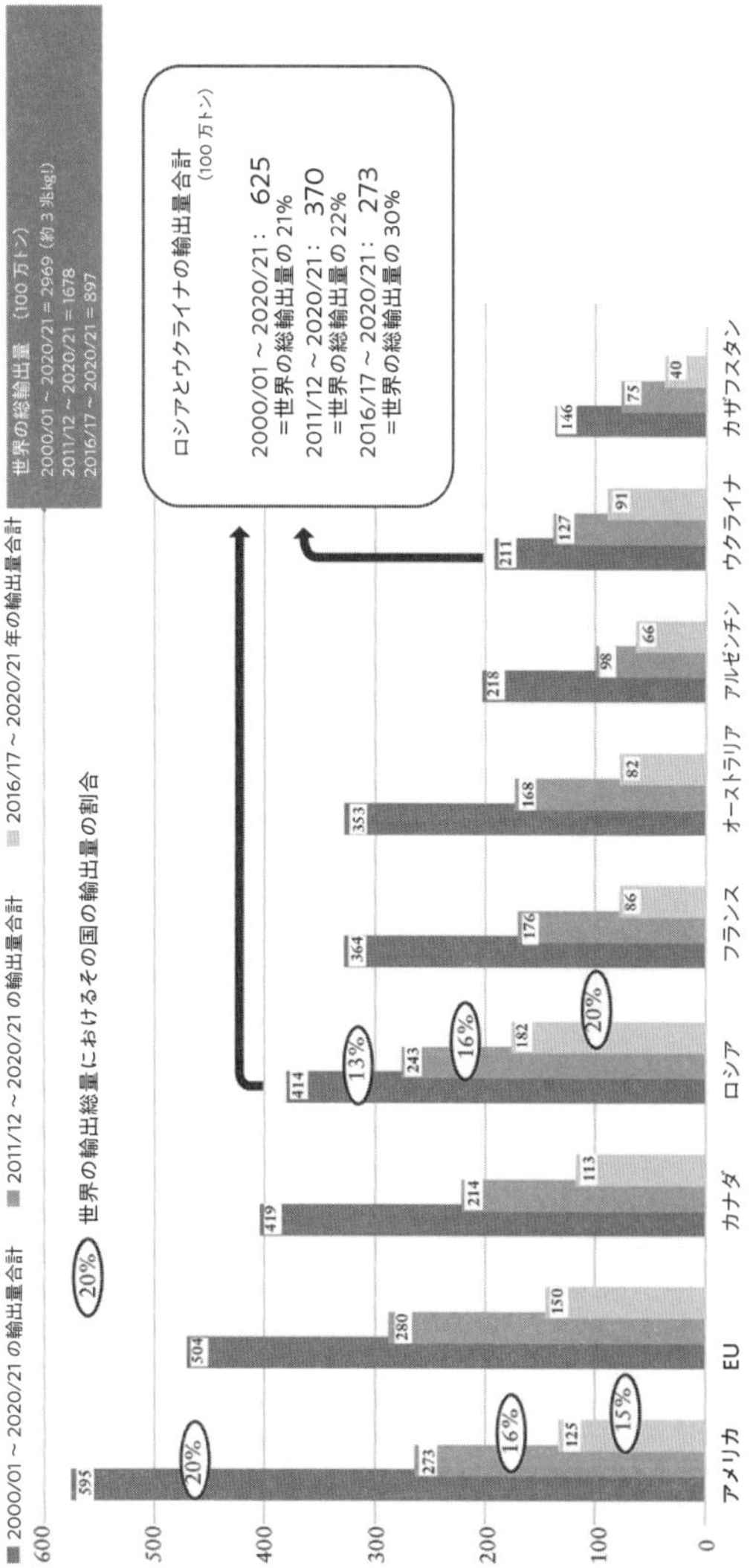

出典：国際穀物理事会（IGC）のデータに基づいた著者による計算と作成

は、2022年2月にロシアの侵攻により、小麦の価格や供給力が大きな影響を受けたことを理解するのに重要だ。ロシアとウクライナという2つの生産大国が——2国だけで世界の小麦輸出の3分の1近くを占める——全面戦争に入ったのだ。このような事態に市場が反応しないわけはない。両国の人的悲劇は別にしても、現在の状況は世界の需要状況からして、20年前に人類を養っていた状況とは比較にならないのだ。ロシアとウクライナは、2016〜21年に世界市場に2億7000万トンを供給しているが、1996〜2001年にはわずかに1500万トンと、18分の1だったのだから。

ますます増える輸入国——その地域は明確だ

世界には、小麦を生産して輸出する3つの主要地域がある。北米、ヨーロッパ、黒海の3地域で、近年の世界の輸出の平均75%を占めている。それぞれ輸入市場を制覇しようと競争している。気候に恵まれた場合は、アルゼンチンとオーストラリアも競争に加わる。ここで、2つのことが確認できる。まず、外国からの供給によって小麦を調達しなければならない国の数は増加しているのだから、その競争は参加する価値があること。もう一つは、食料安全保障の欠如と小麦不足に関連した社会不安のリスクを考慮すると、小麦の輸出大国はある種の確実な責任を負っているということだ。したがって、輸出国の動機は地経学的でもあり、地政学的でもある。

世界で小麦を多く買うのはどの国か？　かなり前からエジプトが話題に上っている。人口1億人を抱え、パンの消費量が非常に多いエジプトは、現在、月に100万トン、つまり1日あたり

世界の小麦輸出大国は非常に少ない

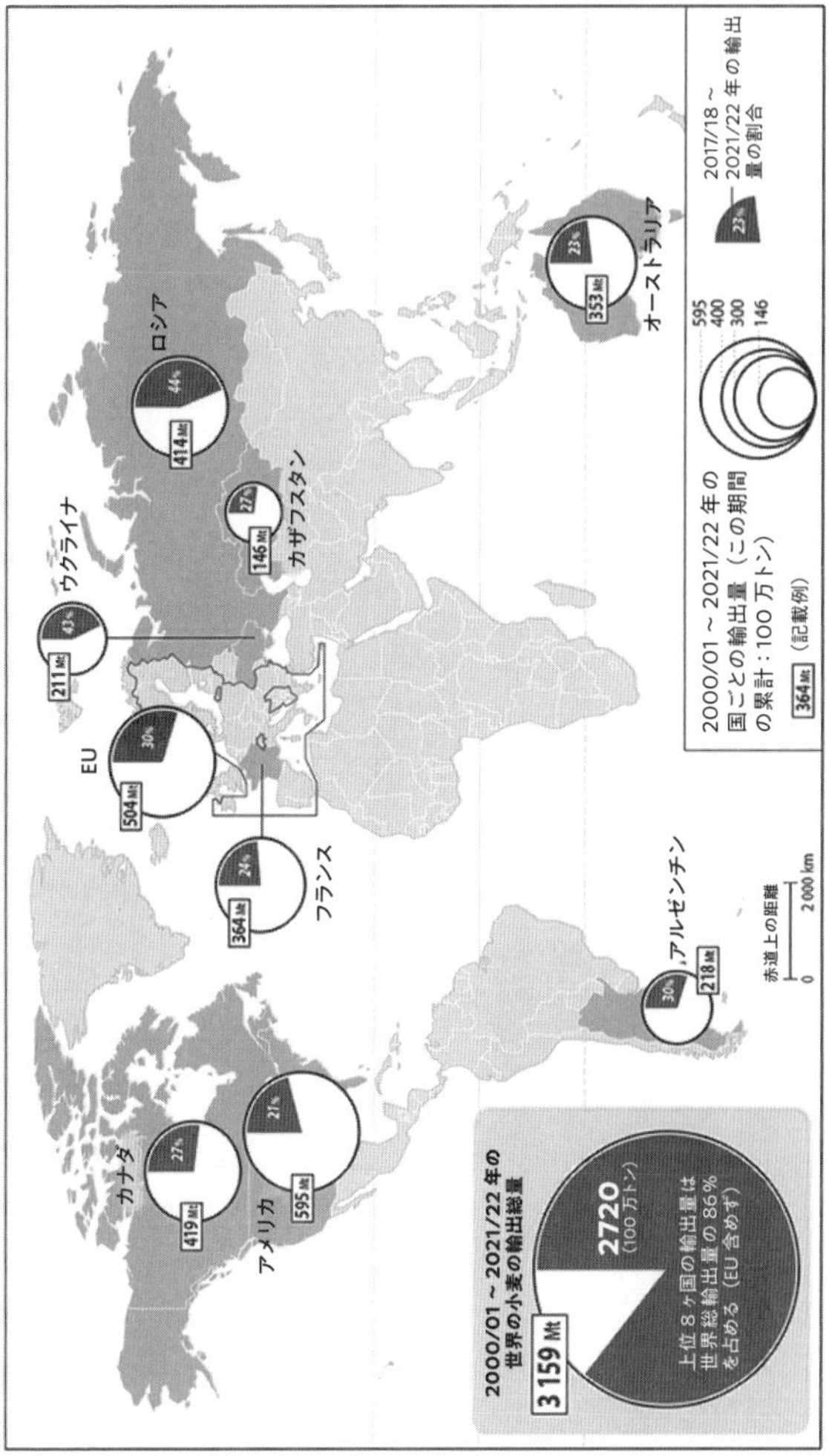

出典:国際穀物理事会(IGC)2022年

3000万キログラムを消費している。輸入量は2000年代初めの年間600万〜700万トンから近年では1300万トンに達している。エジプトは、この20年間に2億トンの小麦を遠い国々から海を渡って買い入れた。第2の買い手はインドネシアで、2015年以来、年間1000万トンの大台を超えて輸入する国はエジプトとこの国だけだ。インドネシアでは、食生活の西洋化とともに栄養学的な変化も明らかになっている。2国に続く国々は年によって変わるが、概ねトップ10に入るのは、アルジェリア、中国、トルコ、バングラデシュ、日本、ナイジェリア、フィリピン、ブラジル、モロッコである。これらの国の輸入量は年間500万〜800万トンだ。次に年間300万〜500万トンの小麦を輸入するのは、サウジアラビア、ヴェトナム、アフガニスタン、イラン、イラク、韓国、パキスタン、タイ、イエメンといった国々である。

このように、いくつかの地域ブロックが世界の小麦輸入の地図に示される。2010年代の半ば以降、輸入量の3分の2を占める4つの中心地域は北アフリカ、中東、サハラ以南のアフリカ、東南アジアである。この4地域はそれぞれ、小麦取引の15%を占める。最も増加が目立つのは東南アジアだ。現在、インドネシア、ヴェトナム、フィリピン、タイの4ヶ国を合わせると、今世紀初めの年間800万トンから、今では年間およそ2500万トンを輸入している。とりわけ、畜産の発展に貢献する飼料用小麦が増加した。この3倍になったという事実は強調すべきだろう。中国、韓国、日本といった大きな買い手を含む、より大きなアジア市場の勢いにつながっているからである。中東・北アフリカ(MENA)はちょうど黒海沿岸の輸出国地域を鏡で反転させたようなものだ。MENAは世界の輸入量全体の3分の1を占め、小麦の調達では最も輸入に依存している。21世紀初め以降、MENA地域の国々は合計9億トンの小麦を輸入した。MENAでは住民一人あたりの小麦消費量が世界で最も多く、半分は輸入による。サハラ以南のアフリカについては、小麦の輸入量は2000年代初めの年間900万トンから現在は2700万トンに増え、ちょうど東南アジアと同様に3倍になった。住民一人あたりの年間消費量は20〜30キログラムと少ないが、増える傾向にある。さらに、サハラ以南のアフリカは人口増加が大きいために、小麦栽培が地理的に不可能である西アフリカを筆頭に、需要がかなり増加した。この地域では今世紀初め以降、小麦の輸入は近年消費が伸びているコメとせめぎ合っている。小麦の輸入は、年間600万トンを輸入するナイジェリアが牽引役となり、2000年から2022年にほぼ4倍になった。

こうした依存から生じる戦略地政学的な現象を過小評価するべきではない。それは国家の脆弱性を表し、国家をリスクにさらすからだ。化石燃料のない国々と同様に、毎日、毎年、ある量の小麦を市場から確保することは重要な戦略的弱さを暴露する。少数の生産・輸出国にとっても状況は逆だが、似通っている。こうした背景から、小麦取引に関する問題については控えめな姿勢が支配的なことがよりよく理解できる。外交と社会的・政治的安定性に関わる問題だからだ。この点で、小麦の戦略地政学的な論点の分析で草分け的存在であるフランス人地理学者、ジャン＝ポール・シャルヴェ氏の言葉を引用するのは無駄ではないだろう。同氏は20世紀終わりに次のように記した。

世界の小麦輸入国は増え続ける

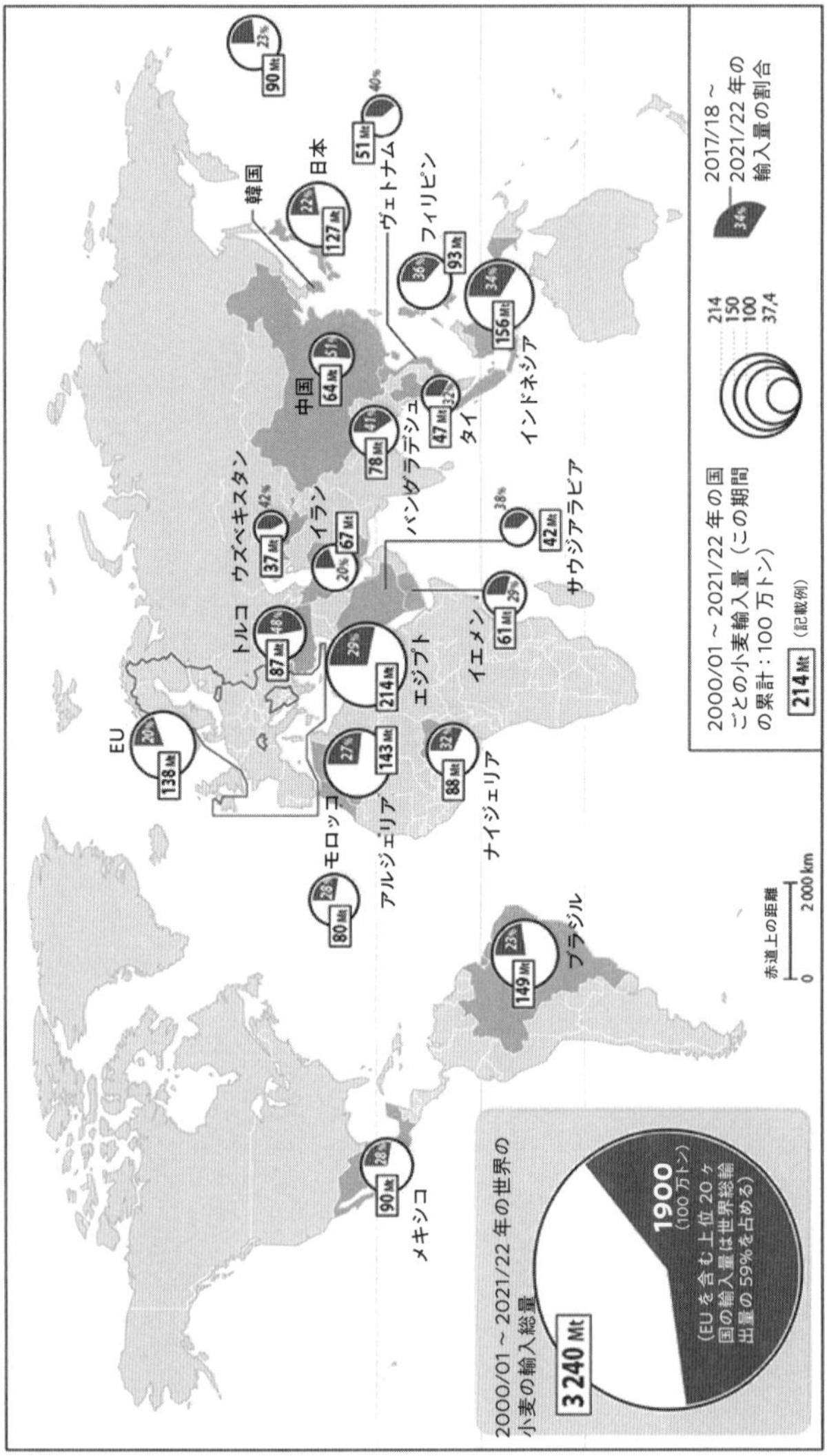

出典：国際穀物理事会（IGC）2022年

世界の食料システムにおいて小麦が果たす中心的役割からすると、かなりの量を定期的に輸出できる能力は、一国の繁栄と勢力を示すことに貢献しうるとみなされるだろう。したがって、世界の小麦市場における大きな存在感は、農学、経済、物流面の考慮以上に、真の政治的意思によって決まる。[1]

この文章を、逆に構造的に輸入に頼る国についての言葉に置き換えるならば、次のようになるだろう。世界の小麦の生産、価格、取引の懸念すべき変遷からみると、外部からの調達への過度な依存は、その国の政府の常なる不安の元、および社会的・政治的安定のリスクを生む媒介になる。さらに、強固な食料安全保障は、国の農業政策や経済以上に真の商業態勢によって決まる。

小麦の貯蔵の重要性

すでに古代から、食料の貯蔵は為政者が最も注意を払う事案だったが、相矛盾するさまざまな流言の的でもあった。現代も根本的には何も変わっていない。とりわけ穀物や小麦についてはそれが言える。なぜ、それほど戦略的な産物の貯蔵状況について公表しなければならないのだろうか？　ある国の政権にとっては、それは国家の重大問題だ。穀物の備蓄が少ないとかまったくないと国民に告げれば、政府は国民の批判にさらされ、社会騒乱が起きる可能性もある。ある国が小麦のように貴重な食料の備蓄がないと世界に宣言することは、その国に対する欲求をかきたてるだろうが、重大な弱さを見せることでもある。したがって、小麦の備蓄の数字を公表するのはあまりよくないし、詳細をつまびらかにするのはもっと悪い。

ところで、在庫の問題は小麦の価格が形成される上で決定的な要素の一つだ。市場の在庫予測を正確に分析するために、取引シーズンの初めと終わりに在庫状態を知っておくことが重要だからだ。つまり、在庫に関する統計は不完全であり、距離を置いて批判的な目で見ることがつねに必要である。在庫のレベルの評価は実際には、確認された量というよりも総括的な調整変数である。このことは輸入国でも輸出国でも同じだ。たとえば、ＥＵが取引シーズンの終わりから、その終わりの1～2ヶ月後までに在庫の数字を修正することは稀ではない。いくつかの大国（農業大国か否かにかかわらず）の在庫状況についての不透明さの問題に加え、輸入国の在庫状況をよりよく知ることも課題だ。輸入国はあまり情報を共有しないことが多いし、在庫（量だけでなく、利用法を知るための品質も）を評価するのに必要な手段を持っているとは限らないからだ。それに加えて、民間の在庫については、あらゆる国で不明な場合が多い。国際協力や多国間協力において在庫がどれだけ努力の対象となっているか――とりわけ２００7～08年の食料危機以来、そしてコロナ危機の影響とウクライナ戦争によって生じた農産物危機により２０２２年にも話題になった――は後で論ずることにしよう。

とはいえ、２０２１～22年の取引シーズンの終了時点で、公式な在庫の数字はどうなっているのだろうか？　米国農務省（ＵＳＤＡ）の評価によれば2億９０００万トン、国際穀物理事会（ＩＧＣ）の評価では2億８０００万トンとされ、世界の年間小麦消費の約35％に相当する。今世紀初め以降、在庫量の評価はこの割合の前後で揺れているが、これは世界の消費量の4ヶ月分を在庫していることになる。だが、これには注意が必要で、小麦の在庫の半分は中国にある。中国はそうした膨大な在庫を作り出し、その品質を維持するためのインフラを整えるためには費用も手段もまったく惜しまない。実際には、小麦の国際市場は5年前から矛盾した状況にある。なぜなら、状況は見た目には向上しているが、単に中国が発展させた政策のおかげだからだ。反対に、主な輸出国の在庫は減る一方だ。アメリカは1500万〜2000万トン、EUとロシアは1000万〜1500万トン、カナダとオーストラリアは500万トンだ。インドは不安定な収穫のために在庫が変動し、近年では1000万から2500万トンの間を揺れ動いている。世界最大の輸入国であるエジプトとインドネシアは、それぞれ400万トンと200万トンの在庫を有し、それは国内消費量のおよそ3ヶ月分に相当する。

供給と需要を結びつけること

自国民を養い、かつ余剰分を毎年輸出できる国は世界に20ヶ国もない。そのうちの8ヶ国が国際市場の80％を占める。つまり、小麦を大量に消費し購入する世界の国々は、この8ヶ国の収穫状況や輸出政策を注視しているのである。ところが、小麦の移動は簡単ではなく、生産と同様に戦略的なものである。世界の穀物の安全保障は小麦の陸上・海上輸送にかかっている。

農産物の物流と海上輸送の問題

しごくあたりまえのことなのだが、今日でも畑から食卓までの小麦の物流ルートにおいて最も重要な要素がある。それは、ほとんどの小麦産地では年に1度しか収穫されないが、世界中で毎日消費されるということだ。それが工業製品とはまったく異なる点だ。

車やスマートフォンの工場では、材料や部品さえあれば、必要な場合、好きな時に人員や機械を増やして生産のテンポを上げることができる。そのための投資は市場における供給増となって表れる。小麦は年に1回しか収穫できない。国によっては年2回の収穫システムを採用するところもあるが、世界の小麦の総収量からすれば非常に少数派だ。小麦畑はインプット〔種、肥料、農薬など〕、有利な気候、そして年間にわたって熟練した人による栽培技術のフォローが必要だ。効率性を目指す小麦農業は、持続的な効率性を有し、起こりうるリスクをよりよく管理しなければならない。収穫は数日間に集中するものの、流通はその後の何ヶ月にもわたって継続し、安定したものでなければならない。人々はどの季節でも毎日小麦製品を食べるのだから、流通は数週間で収穫全部を飲み込むのではない。工業製品と異なる第2の点は、生産構造と消費地域の均衡がとれた市場であることだ。ある地域の農業バリューを最適化するためにインフラを整備し、不足する地域への供給を保証することは、この巨大な均衡式の課題である。また、それがそう遠くない距離でも容易でないのだから、国境や大陸を越えた輸送になると大きなチャレンジである。

そうした多様で複雑な物流を理解するためには、まず小麦の利便性に触れておく必要がある。小麦は壊れることなく、船倉、貨物列車、トラックで容易に運ぶことができる。自然の2つの大敵——湿気と寄生虫——が品質を悪化させたり、衛生面の安全性を悪化させることはあるにしても……。

小麦の品質の重要性

小麦の品質の課題は、国際取引の今後の展望にはっきりと表れている。品質は、輸出する側にも輸入する側にも共通する問題だ。生産者にとっては、土地の面積に対して最大の生産性を上げて国内市場や国際市場で良好な価値化をすることが大事である。買い手のほうは、自らの需要に見合った小麦をより安い価格で仕入れることが目的だ。たとえば、もし収穫した小麦が輸出に適していないこと——収穫の際の天候の条件によるため、予測不可能だ——が明らかになったとすると、取引契約を遵守するのは難しい。買い手の決める仕様書は小麦の国際取引においてますます戦略的になっている。効率的に仕様書に適合させるようにするには、物流ならびにつねに進化するテクノロジーが関わってくる。小麦は貯蔵される場合、たとえば長期にわたって加工や消費が可能なように完全な状態で保管されなくてはならない。

19世紀以降、鉄道と大型船は取引のグローバル化や新たな土地で栽培を開始する過程において牽引役を果たしてきた。小麦はこの流れに飲み込まれ、当然ながら、経済のグローバル化とそれにともなう商品輸送を象徴する産物の一つになった。小麦は道路、列車（将来は鉄道が反撃のチャンスをうかがうだろう）[2]、とりわけ水運（河川と海）により世界中を移動する。国際取引は大部分が海上輸送によるものであり、農産物や小麦についてもそうであるのは驚くべきことではない。農産物や小麦の65％から80％が国際取引の大動脈である大洋を移動する。海を介した穀物取引は、輸送のためにチャーターされた〝ばら積み船〟によって主に行われる。こうしたチャーター輸送は、生産量、出発地、目的地が確定しにくい穀物輸送に適している。多種類の船舶のオファーと多様な輸送契約がばら積み船の特徴だ。小麦の輸送に使われるばら積み船は1万トンから8万トンで、主に3つのカテゴリーに分類される。1万〜3・5万トンの「ハンディサイズ」、3・5万〜5万トンの「ハンディマックス」、5万〜8万トンの「パナマックス」だ。ばら積み船のチャーター市場は非常に競争が激しく（穀物商社間の競争もあるうえ、この船は鉱物、肥料なども輸送できるため他の競争もある）、物流チェーンに絶え間ない変化をもたらしている。[3]近年、海上輸送チャーターの価格が変わりやすいと指摘されているが、そのことは農産物と穀物の国際取引において商品の効率的な移動、入手のしやすさ、価格面の不安を高めている。

さらに、スムーズな海上輸送は、穀物国際取引の海上輸送化とともに進展する。海峡や運河の通過、大洋航海の戦略的要衝はできるだけリスクを抑える必要がある。[4]船を減速させるような気象条件、海賊活動、戦争状態の国への接近、狭い港口（狭水道）などは穀物取引のスムーズな流れを損ない、輸送コストを押し上げる要因になる。輸送はすでにかなりの価値を内包している。1トンあたり250ユーロで売られる小麦を6万トン積んだばら積み船は船倉に1500万ユーロの価値を積んでいる。輸出において競争力を持つためには、有利な海上輸送料を享受することも必要だ。そうすれば買い手側の食料価格を軽減することができる。海上輸送料は、エネルギーやベーシックな農産品の価格上昇と時を同じくして、2007～08年に大きく値上がりした。この三重の値上がりのインパクトは多くの国にとってつらいものだった。この輸送費と原油の値上がりが重大な食料危機の原因でもあったのだ。同様に、2020～21年のコロナウイルス・パンデミックの影響の一つは、国際取引の流れとバリューチェーンが混乱したために、海上輸送費が明らかに値上がりしたことだ。こうした状況に呼応して農産品の価格も上昇傾向になった。もちろん、ほかの要素もあったのだが……。通貨間の為替の変動も小麦取引の勘定にカウントされる。小麦取引については市場分析家やトレーダーの仕事も複雑になる一方だ。しかも、海上輸送による小麦取引の効率性は、積まれる港（輸出）と荷揚げされる港（輸入）に最大限のセキュリティが要求される。したがって、港が大した不安もなく機能するのを保障するために警察、税関、情報機関が立ち合う場合が多いとともに、商社はドックの労働者の労使関係ができる限り良好なことも期待している。しかし、海上輸送のサイクルと一次産品のサイクルはまったく異なるので、農産物の需要と供給の関係は大体において不均衡だ。

　追跡、監視あるいは妨害すべきキーポイントとなる可変要素があまりに多様であるため、特殊な戦略が生まれてくる。たとえば、船上の商品には欠かせない保険の問題だ。保険の価格が買付の是非を左右することもある。19世紀以降の世界の船舶に関するデータを集積するロイズ・オブ・ロンドンは保険会社ではなく、保険と再保険の主要市場である。そこでは、世界中のブローカー（保険契約仲介業者）が自分たちのクライアントのリスクを提示して保険を引き受ける保険引受業者と交渉する。小麦の輸送は、買い手と消費者が待ち受けているため、輸送期間はなるべく短く、輸送中に小麦の品質が悪化しないようにしなくてはならない。したがって、船舶だけでなく、関連インフラも重要となり、大きな投資を頻繁に必要とする。港も保管能力のほか、トラックや艀《はしけ》で運ばれてきた小麦が港の船舶内にスピーディーに積み込まれるような信頼ある移動手段も持っていなければならない。この点も輸送料金の交渉の際に重要な要素となる。したがって、後背地も海上輸送とともに重要で、そこから内陸部と海の密接な関係を明示する「港のインターフェース」という表現が出てくる。損失率を低下させて食料の安全保障を強化する国の能力は、道路や集積センター、あるいは国内での加工所の近代化レベルによる。こうした現実問題すべてにインフラを適合させるために、国家は中心的な役割を果たすのだ。[6] 小麦のためにインフラ開発が促進されることもある。たとえばフランスでは、17世紀のミディ運河、19世紀のブルゴーニュ運河の建設は小麦の取引を容易にするためでもあった。

物流は連帯の連鎖か、競争の連鎖か？

したがって、物流や輸送を組織することは海上でも陸上でも小麦の良好な流通の条件となる。生産地域と消費地域はつながらなければならない。そのためには、取引が重要になり、多数の関係者がからんでくる。穀物商社の役割はあとで分析するとして、ここでは畑から食卓までの物流チェーンを見ていこう。小麦の生産農家は、毎日パンを買って食べる人と直接の関係はない。しかしながら、このつながりは、多様な利用法によって小麦を大衆消費の製品に変える一連の仲介者によって可能になる。そのため、小麦の収穫、移動、積み込み、輸送をする人の仕事に注意を払うことが必要だ。このチェーンの輪の一つ一つが大事で、少しでも逸脱すれば重大な影響が出る可能性がある。このように小麦は世界中で何百万人もの雇用に関わる。また、国内外の流通や、消費される商品への加工も多様な職業能力に依存している。

小麦を収穫すると、農業生産者は最初の収集・貯蔵者に販売・出荷する。それは協同組合であったり、仲介と資本を提供する民間業者であったり、国の機関であったりする。この納品は農業が発達した国では「ばら」で、生産構造が分散している地域ではジュート袋に入れて行われる。現在、小麦の輸出国では後者のやり方は稀である。コストがかかるため、次第に輸入国に着いてから袋詰めされるようになったのだ。納入された小麦は「認証された」秤《はかり》で重さを量られ、質量とも取引の要件を尊重しているかどうかを両方の当事者が確認するために分析される。こうして取引と生産に適した背景ができる。次に、小麦は大量集積して分別され、最初の加工業者——製粉、家畜飼料製造者、セモリナ製造者など——に供給されるため、分類されたサイロへ道路、鉄道、河川という輸送インフラを使って移動する。これらの加工業者は、原料がそれぞれの加工に適しているかどうかを納入時に自ら点検する。ラボに分析を依頼することもある。小麦の国際取引の場合は、最適な港のインフラにより最小のコストで最適に機能するような物流システムが必要になる。船舶が入港するための十分な吃水《きっすい》、船舶に積荷、揚荷するための設備（クレーン、クラブ・バケット、吸い上げノズル、コンベアー、運搬車など）、最大限の量の移動を可能にするための保管施設、積荷と揚荷の質を確保する管理者などだ。このことは輸出港でも輸入港でも同様である。こうしたインフラの効率性は国内の物流ネットワークとの連動のよさに依存しているからだ。つまり、小麦の世界は一般に考えられているよりも大きく、その日常は無数の小さな活動から成り立っている。その世界では情報が不可欠だ。したがって、民間と同様に公的部門の関係者も、小麦の産地、輸送、流通についての情報ネットワークを持っている。競争が激しいため、生産からさまざまな段階の輸送、消費まで小麦のバリューチェーン全体の情報の信頼性がものをいう。この世界は利益、もっと言えば競争に基づいて動く。偽情報は穀物の世界の一部である。ある事業者が競争相手や敵を故意に損なおうとする場合はとくにそうだ。そうした戦略を作り上げるためには、SNS、サイバー攻撃、陰謀、汚職などあらゆる手段が用いられる。

ここで要約すると、小麦はきわめて移動の激しい生きた一次産品であり、そのスムーズな流通はつねにより強固な物流の統率にかかっている。気候、人口、農業政策や研究といったものが小麦の世界を理解する上で重要な要素であり、物流はそれらとは別の要素であるとはいえ、その役割は、国際取引が食料安全保障の海上輸送への依存とともに進んでいく状況からすると、ますます大きくなるだろう。[7] したがって、ある国の物流効率の指数は重要な要素である。そのなかでインフラの質や、インフラと行政システムや関税制度との適合具合が注意深く吟味される。さらに、農産品の喪失や浪費の撲滅も、世界の食料安全保障問題に関しての議論に10年前くらいから登場してきた。この問題は注目する価値がある。FAOによると、世界で生産される穀物の10％近くが、畑から輸送段階、加工段階から外食現場までの過程で失われるか消費されていないと予測される。ここで、単なる逸話としてでなく、「浪費」［gaspillage］という言葉が語源上、小麦と関係していることに触れてもいいだろう。フランス語の古語でも昔の方言でも、その言葉は小麦と関係があり、「もみ殻」「穀物の計量升」、あるいは「わらをまき散らす」行為や「わらのゴミ」などに語源を持つ。

国際取引の発展

小麦の取引は古代から、流通を組織し、価格を決める商人が行ってきた。その基本は今でもそんなに変わっていない。しかし、取引のグローバル化により、新たな事業者が農産物や食料の取引に関わる戦略的商売の舞台に現れ、力を持ってきた。近年では世界の経済がアジアに重心を移したことで、ダイナミズムが変化し、新たな競争が生まれている。

歴史的に重要な役割を果たす穀物商人

構造的あるいは頻繁に不足する地域と余剰を持つ地域の間の、農産物と食料の市場の均衡において、国際取引は重要な役割を果たす。国際的あるいは大陸間の取引という大規模な物流の均衡においては、膨大な金額を扱い、かつ長短期の異なる時間的条件に対応できる企業は非常に少ない。穀物取引はいくつかの多国籍大企業に独占されている。一般の人はあまり聞いたことがないだろうが、アーチャー・ダニエルズ・ミッドランド（ＡＤＭ）、ブンゲ、カーギル、ルイ・ドレフュスである。４社の頭文字をとったＡＢＣＤという表現はメディアの注意を引くこともある。冷戦時代の最中に、ある優れた本がその秘密を探ろうとしたこともある。[8] 一般には知られていないが、この４商社は、全大陸で活動し、多数の人員、大きな物流システムと投資手段を有する農業グローバル化の重要な事業者である。[9] ２０２１年度にはＡＢＣＤは合計で売上３３００億ドル、純利益１００億ドルを上げている。

　この４社の歴史は古い。この穀物メジャー４社の歴史は、社名の由来となる一族の運命と分かちがたく結びついている。４つのファミリー企業は18世紀から19世紀に創業の波があった。最初の波は、東欧のドレフュス家のように、主に金融業で活躍した、当時有名だったユダヤ人一族だ。一族は中心的産地――とりわけアルジェリア――にも関係があった。第２の波は、アメリカのクエーカー教徒で、西部開拓の時代に鉄道に沿ってサイロを立てて穀物を集積することで財産を築いた。彼らは19世紀後半以降の小麦の国際取引の発展とともに栄えた。カーギルの発祥はこの時代にさかのぼる。同社の発展は農業分野のグローバル化のダイナミズムと連動している。[10] 同社はアメリカ最大の非上場企業であり（アメリカの民間大企業のフォーブス誌のランキングが始まって以来、カーギルは34回にわたって１位になった）、70ヶ国以上で15万５０００人を雇い、２０１０年以降、売上はつねに年間１０００億米ドルを超える。一次農産品の価格上昇により、同社は２０２２年度に１６５０億ドルという記録的売上を上げた。

これらの企業は規模も役割も大きいが、ファミリー会社が多く、概して広報を避ける傾向にある。目立たないことが穀物取引の避けて通れないルールであるから、こうした企業の活動に興味を持つオブザーバーからある種の不信感をもたれることもある。このことはいくつかの理由で説明できる。生活に不可欠な産品の取引によって利益を上げることから、穀物メジャーは誇示や行き過ぎを避けるほうを好むのだ。カーギルの本社はミネソタ州のミネアポリス、ADMの本社はイリノイ州のディケーターにある。マンハッタンではない。両社がメディアの目の届きにくい場所にいたいのは、国際ビジネスにおける自分たちの重要性や為政者との近さを配慮するからだ。穀物メジャーの代表者はハイレベルな首脳会議に定期的に呼ばれたり、国際取引のガバナンスに関する研究の際や、ある国の外交戦略について意見を求められたりする。たとえば、2003年のイラク介入後、アメリカが主導したイラクの農業再建はカーギルの元幹部ダン・アムスタッツが調整役となり、市民社会から激しい批判を浴びた[11]。こうした理由から、穀物メジャーはメディア界から距離を置くことを好む。彼らの広報は最小限で、質問されれば答えるにとどまり、彼らのしていることを知らしめるという目的のためだけに事業についての情報を外部に出すことはしない。彼らの事業は経済のグローバル化に根差しているが、存続のために広報する必要はない。取引の戦略的規模だけで十分なのだ。それが時には強い批判にさらされる点だ——人々の生活に不可欠な産品の取引によって利益を得ているのだから。

こうした穀物メジャーの世界的規模の寡占的地位は当然ながら議論を呼ぶ。農産品価格の高騰で彼らの収益が伸びることは議論の余地がないが、そこには多少のニュアンスを付け加えるべきだろう。実際、穀物メジャーは生産地域から消費の中心地までの輸送を保障しているのだから、世界の食料安全保障に重要な役割を果たしている。本書でも、小麦の取引がどれほど難しいかをすでに分析した。取引は物流チェーンのあらゆる段階で能力と資金を必要とする。そこで穀物メジャーは次第に事業を多角化してきた。彼らは自前の投資ファンドを設立し、とりわけ今では農産品のサプライチェーンのあらゆる段階（収集、貯蔵、陸上・海上輸送、港）で活動するばかりでなく、しばしば一次加工産業にまで事業を拡大する。こうした関連事業を取得することは、価値創造の最初の段階をよりよく管理する能力によって説明できるが、一次産品の価格変動をうまくしのぐためでもある。地理的な観点からすると、最適な時期と場所で調達すること、あるいは輸入大国において顧客のそばにいることが必要になる。流通の重要な段階を管理するため、また取引額の大きさや価格変動に関する重大な経済リスクに対処するために必要な資本は膨大だ。

したがって、穀物メジャーは世界を飢えさせているという見方と、反対に彼らだけで食料の安全保障を引き受けているという見方の両極の中間が正当であるはずだ。現実はもっと複雑で、メジャーの役割が重要だとしても、独占的なものではない。メジャーは需給バランスをとるために主に遠距離輸送の取引を行い、時代遅れになりえない食料品や一次産品をもたらす分野で活躍するゆえにその勢力は大きいが、社会的責任と環境面の責任における要望の増大[12]や、民間資本と政権の境界があいまいな新たな事業者の出現と折り合いをつけなくてはならない。たとえば、ロシアで政権に近いＶＴＢ銀行の傘下にあるデメトラ社が急激に発展し、政府の戦略的要請に応えているのはその一例である。政権は世界の穀物取引の中心にある。もちろん、政権の関与の度合いはさまざまな理由により国によって異なるのだが、民間部門が自分たちだけで決定を下して運営しているとみなすのは誇張にすぎるだろう。実際、民間の事業者が国際市場で取り引きされる小麦のすべての契約と輸送を行っているのではない。穀物メジャーは小麦ルートのあらゆる段階——川上の生産から川下の流通まで——のコントロールの度合いを強めているが、世界のいくつかの地域では国の機関が決定的役割を果たしている。世界最大の小麦輸入国であるエジプト最大の公的購入者である供給商品総局（GASC）がどういうものかを見てみるだけでよい。1968年に創立されたGASCは商工業省の管轄下にあり、エジプトの小麦市場の戦略の要である。したがって、パンが為政者と国民の間を結ぶ糸であるエジプトにおいて、GASCの副局長が非常に重要な人物であることは驚くべきことではない。しかも、中東では政治と外交が穀物地経学の交渉の場に気軽に介入してくる。こうした傾向はロシアでも顕著であり、中国、そして国の安全保障が穀物の安全保障と密接な関係のあるその他の国でもそのことを否定するのは難しいだろう。

アフリカと中東における穀物外交と競争

失脚する前のカダフィ大佐は、サヘル（サハラ砂漠南縁地域）の国々に対して小麦や小麦粉を権力の手段として使うことをいとわなかった。リビアが輸入する小麦・小麦粉のうち少なくない量が国境付近に回された。地元の諸部族との同盟関係を結ぶためと同時に、サヘル・サハラ諸国地域にある程度の安定性を与えるためだ。この「穀物外交」はアルジェリアがニジェールやマリとの間に発展させた外交戦略にもみられる。アルジェリア自身が2011年のリビア政権陥落以来、以前にも増してアフリカの近隣諸国の安全保障を懸念しているからだ。しかし、それは概して北アフリカや中東に向かう小麦の流れの背後にある地政学的動機ではないだろうか？　地中海南部の安定性に注意を払うヨーロッパの動機にしても、シリア紛争でアラウィー派やアサド大統領を支援するために小麦戦略を使うロシアにしても、イエメンで遠隔的に紛争に加わる大国（サウジアラビア、イラン）から非公式に流通する小麦の量にしても、地政学的要因は経済的利益を補完、あるいは先行しさえするのだ。

この視点から、中東における穀物の取引と貯蔵に関する競争を観察するのは非常に興味深い[13]。カタール、サウジアラビア、オマーンやアラブ首長国連邦（UAE）は、自国の食料安全保障のためだけでなく、地域内の影響力、戦略的同盟関係を形成するために、港湾や物流、金融への投資で競争している。カタールは、サウジアラビアをはじめとする湾岸協力会議（GCC）加盟国による2017～21年の経済制裁のあいだ、対応策を強化しようとした。別の例では、野心を隠さないアラブ首長国連邦がある。ロシア、カナダ、オーストラリアから年間150万トンの小麦を輸入するUAEは、文字通り穀物に気を配っている。アラブ世界でサウジアラビアに次ぐ第2の経済大国であるUAEは、自国民だけでなく多数の観光客の食料を調達するために相当な資金を有している。潤沢な資金によって、世界的威光を獲得すべく農業分野や食料のイノベーションに投資しているのだ。その分野で政府系ファンドは重要な役割を果たすようになった。農産物の物流の前線で大規模な活動を実施することもできる。それは、定評のある港湾ノウハウ（ドバイ・ポーツ・ワールド／DPワールドは世界第3位の港湾管理会社）や、2020年にアブダビの政府系持ち株会社ADQが世界の主要農業・穀物商社の一つであるルイ・ドレフュス・カンパニー（LDC）の株45％を買収したような特異な戦略によって可能になる。こうしたUAEの政策は、連邦内の食料安全保障上の懸念だけが動機なのだろうか？　あるいは、もっと広範な戦略地政学的動機を象徴しているのだろうか？　最近では2022年に、サウジアラビアの政府系ファンドの子会社、サウジ農業畜産投資会社（SALIC）がシンガポールの国際的商社オラム・グループの農業・食料部門オラム・アグリ社の株式35％や、ほかの国際的商社を買収した。

アジア企業の出現と再編

国際的穀物取引の業界はしばしば再編の時代を経てきた。小麦の地政学においては、穀物メジャーの役割を考慮に入れることが重要だ。これらメジャーは100年以上にわたって小麦の取引を支配してきており、欧米の勢力が持続していることを示す。しかしながら、欧米の穀物メジャーは世界の地経学の変遷や、同じような規模の新たな事業者——とりわけアジア系——の発展に直面している。

21世紀に入る頃、大きな変化があった。1877年にスイスのニヨンで設立され、20世紀の穀物の国際取引の立役者だったアンドレ社が消滅した。それと並行して、4大穀物メジャーABCDの勢力に対抗したこともあった米コンチネンタル・グレイン社が1999年にカーギルに買収された。この時期は、加工業を取り込むことを選択した企業の戦略がある意味で促進された時期だ。2010年代初め以降になると、市場の緊張状態と穀物価格の不安定さのため、供給能力を強化しようとする商社の意向が明確になった。2010年、カーギルは、1999年まで小麦の輸出を独占する公的機関（オーストラリア小麦庁）だったAWB社を買収した。スイスに本社のある鉱業部門の大手商社グレンコアが少しずつ穀物市場への進出を図り、今ではABCDのライバルとなっている。同社は2012年、北米における勢力を伸ばす目的で、元はカナダの協同組合だったバイテラを買収した。バイテラはその後バイテラ＝グレンコア・アグリカルチャー社となり、アジア太平洋地域（中国、オーストラリア、ニュージーランド）や黒海地域（ロシア、ウクライナ）に重要拠点を持つ穀物大手の地位を確立した。2022年初め、グレンコア・アグリカルチャーはアメリカの穀物分野で活動するガビロン社（日本の丸紅の傘下）の買収を公表した。丸紅はアジアの農産物の物流部門に深く参入していたが、2013年にアメリカ市場に参入するという快挙を果たし、世界征服に乗り出すアジア商社のシンボルになっていた。

大手穀物商社のほとんどはヨーロッパ（アンドレ・ブンゲ、ルイ・ドレフュス・カンパニー、グレンコア）またはアメリカ（カーギル、ADM、コンチネンタル）である（であった）が、アジアから野心的な事業者が出現してきた。インド・シンガポール系のオラムはナイジェリアでカシューナッツ、綿、カカオ、シアナッツの取引事業を始めた。同社は1993年にシンガポール証券取引所に上場し、シンガポール政府系ファンドのテマセクによる増資を受けて以来、世界各地の港のサイロを買収し、西アフリカ（ガーナ、ナイジェリア、セネガル）の製粉業に投資し、輸入小麦を小麦粉にする加工に乗り出し、バリューチェーンにさらに深く参入した。しかしながら、オラムは2017年に独自の方向転換をした。アフリカ最大の製粉業とみなされるファミリー企業、シーボード社との競争に勝てなかったため、穀物分野を部分的に放棄し、得意分野の農産品やブラジル大豆のアジア輸出などに集中するようになった。それよりも顕著なのは中国の中糧集団（COFCO）の急成長だろう。1949年設立のこの国有企業は、以前は穀物輸入を独占していた。その役割に加え、農産品・食品分野の事業だけでなく不動産、エネルギー、観光分野でも活動する大企業だった。中国のほかの国有複合企業体と同様に、複数の分野を併せ持つ。2010年代、中糧集団は加速し始めた。自国への供給の安全を保障するために数々の投資を行った。2014年、中糧集団は、南米に勢力を持つオランダの穀物商社、ニデラの株式51％を買収した。また同年、香港の商社ノーブルの農業部門の取得で同社と合意。この2件の買収は中国財政部部長から、買収を容易にする資金条件の緩和の許可を得て実現した。中国政府は意図を隠さない。政府の目的は2013年に提唱した一帯一路政策に中糧集団を組み込み、同社を穀物取引と食品生産の世界的リーダーに仲間入りさせることだ。こうして2014年にスイスのジュネーヴを拠点に中糧国際（COFCO International）が設立された（ここでもシンガポール政府系ファンド、テマセクが投資者に名を連ねる）。その上、中国政府は2016〜20年の5ヵ年計画の一環として中糧国際への出資率を引き上げて80％にした。中糧国際はとりわけ中南米——とくにブラジル——に拠点を設け、中国向けの大豆やトウモロコシの一部を管理する。また、アフリカと中東での存在感を高める野心を持ちつつ、ウクライナ戦争の影響も案じている。同社は黒海地域での穀物生産の増加と黒海沿岸から輸出可能な穀物量を考慮してウクライナに戦略的拠点を構えているからだ。ウクライナにおける中糧国際の拠点がオデーサ、ミコライウ、そしてアゾフ海の港湾都市でロシアが占領しているマリウポリにある。マリウポリは２０２２年春にあった戦いで今や世界中に知られている。２０２１年時点で、中糧国際は世界で１万２０００人を雇用し（６割は中南米）、年商３３０億ドルを上げ（中糧集団全体の売上の3分1）、世界中で1億３０００万トン以上の農産品を動かしている。しかも、中糧国際は中国の経済とバリューチェーンの脱炭素化に関して中国政府の指示に従ってエネルギー・気候の移行を促進する行動について大々的に広報を行っている。

現代の穀物取引の状況のなかで、中糧国際はここ数年の間に真のゲームチェンジャーになった[14]。今ではABCD－CGO（アーチャー・ダニエルズ・ミッドランド、ブンゲ、カーギル、ドレフュス、中糧集団COFCO、グレンコア、オラム）と呼ばなければならない。この7社は世界の穀物と油脂植物の50％、農産物と食料の20％を扱うからだ。この分野で現在重要なほかの事業者についても、ここで言及するべきだろう。１９９１年にシンガポールで創業したウィルマーはアジアでの存在感が大きい。穀物よりもとくにパーム油に強い。黒海地域でも地図は塗り替えられた。まずウクライナの2つの商社カーネルとニブロンが近年、小麦の生産と輸出の伸びに付随して力をつけてきた。ロシアでは部分的に国家に管理される国営企業を持つ点で、中国の戦略に似ている。ＲＩＦとソラリスが代表格だが、ＶＴＢ銀行とその子会社である穀物取引のデメトラが近年では支配的になった。一般的にロシアでは、主な輸出業会社、とりわけ港のサイロは直接あるいは間接的に国がコントロールしている。そこには、小麦の国内外の取引におけるロシア政府の戦略地政学的意図がはっきりと表れている。

このように、穀物メジャーＡＢＣＤやほかのヨーロッパ・北米の二流の商社が握っていた力が侵食されているという仮説を肯定する動きが現れてきた。アジア、ロシア、ウクライナの商社が長い間安定していた状況をくつがえし、今世紀初めから始まった地政学・地経学的な均衡の変化にならって農産品取引における急激な変容をもたらした。[15]そこで、ＡＢＣＤは事業の多角化を模索している。たとえば、カーギルの動物・養殖魚のタンパク質、ブンゲの人工肉、ＡＤＭの栄養補助食品への取り組みなどだ。さらに、イノベーションを進めるためにＡＢＣＤが協力することも試みられている。ブラジル産穀物向けに２０２１年にＡＢＣＤが設立した、デジタルとブロックチェーン［情報通信ネットワーク上にある端末同士を直接接続して、取引記録を暗号技術により分散的に処理・記録するデータベースの一種］を活用した共同プラットフォーム「コヴァンティス」などだ。これには後にグレンコアや中糧国際も合流した。そのほか、膨大な資金でグリーンファイナンス［環境問題の解決に向けた取り組みに特化した金融］や農業生産、農産品・食品分野に乗り出すブラックロックのような資産運用会社、[16]また、ある特殊な産品の収穫から流通までのバリューチェーンを管理するために垂直的投資［人件費の安い国で生産することで生産コストを抑えるための外国直接投資］を推し進める年金基金

（とりわけ北米の）なども加わる。最後に、シンガポールのテマセク、ペルシャ湾岸の王制・首長制諸国などの政府系ファンドも農業と食料安全保障関連の儲かるビジネスに新たな競争をもたらし、ほかの戦略的変化に加わっている。[17]

＊＊＊

小麦は世界で最も多く取り引きされている穀物であり、その量は増え続けている。この観点から、陸上はもちろん、大部分の小麦に関する海上輸送による物流は決定的に重要な要素である。経済プレーヤーや国際取引の事業者は、地政学的な力関係における世界の変容に煽《あお》られた競争ゲームの様相を呈している。次章では、依存度の増す輸入地域にとってまさに穀倉である輸出大国間の均衡について見ていこう。

第4章 世界の穀倉――覇権と競争

世界は小麦を大量に消費し、その量は近年増え続けている。小麦の生産地は地球上に非常に不均等に散在しており、しかも、国によって状況はさまざまだ。たとえば、中国とインドは二大生産国だが、毎年輸出できるような余剰分はない。自国民を養うに十分な小麦を生産し、なおかつ余剰分を国際市場に出せる国は非常に少ない。それらの国々は、アメリカとカナダの北米、ヨーロッパ、そしてロシアとウクライナの黒海沿岸という3つの勢力に区別できるだろう。これらの国々の農業地政学の道筋をよりよく理解するためには、広い視野と長期的視点によるアプローチに気を配って観察すべきだろう。輸出諸国は単に小麦の輸出国であるだけでなく、互いに競争する国なのだ。

北アメリカ――グローバル化された小麦

2021年、カナダとアメリカを合わせて、世界の小麦の9％を生産した。この数字はここ半世紀で減少している。1970年から2000年は15％だったが、2000年から2015年にはすでに12％に落ち込んでいた。しかしながら、収穫量が多いので、両国は毎年、国際取引全体の25％に近い５０００万トンを放出する輸出大国だ。この割合は過去に比べると少なくなったものの、その量は依然として多い。21世紀初め以降、アメリカとカナダだけで10億トン以上の小麦を輸出していることになる。ＥＵと黒海地域の２つの穀倉と比べてみよう（下図）。

１８７０年頃からずっと、小麦の国際市場における北米の比重は大きかったが、近年ではその比重が下がる傾向にある。だが、アメリカとカナダが推し進めてきた政策は区別して分析する必要がある。

アメリカ——1世紀以上におよぶ支配

シカゴ商品取引所（ＣＢＯＴ）は１８４８年の創設以来、世界の農産品の主要な取引所の一つである。農業だけでアメリカの国力の伸びを説明できるわけではないが、アメリカは、とりわけ第二次世界大戦直後、食料の世界供給において果たす役割が増大した。農業は長年、同国の経済に決定的な地位を占めている。それは１７７６年の独立以来の積極的な農業政策の成果であるが、明確に戦略的な

2000/2001 年から 2021/2022 年の主要な小麦の穀倉地域の輸出量

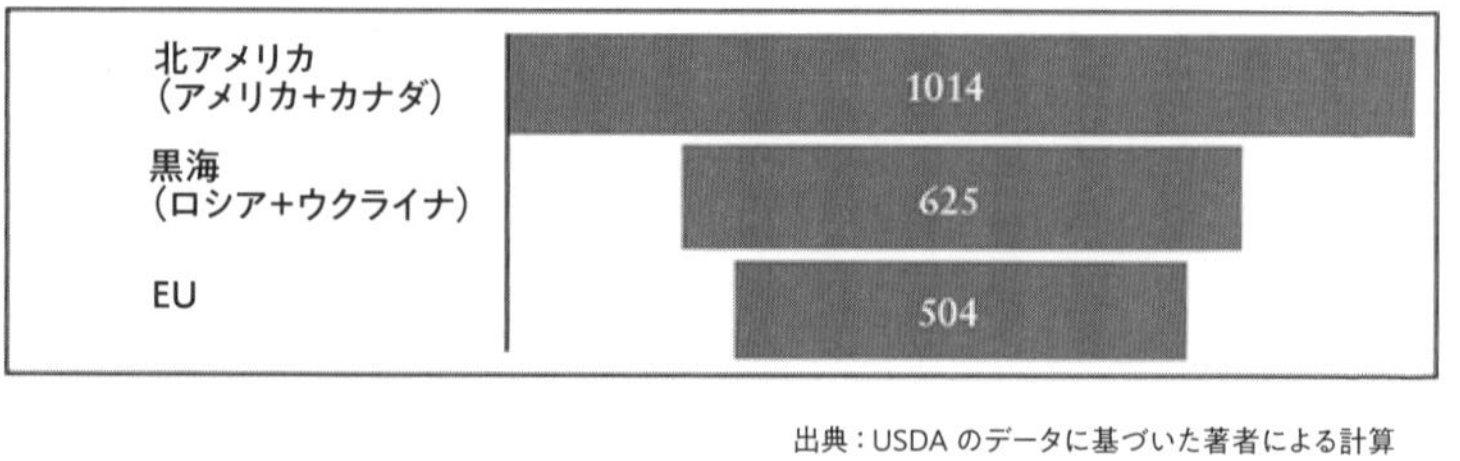

出典：USDA のデータに基づいた著者による計算

目的を持った政策は1930年代以降に発展した。それ以来、その「グリーンパワー」を見直そうとした政権はない。どの政権も、政府が農業生産者の後ろ盾であること、世界の食料問題にアメリカが気を配るべきであることをつねに主張してきた。この地経学的懸念は、農産物の輸出が貿易均衡とアメリカ社会にとって有益であることから、便宜主義的な態度とセットになっている。農業政策におけるこうした不変性は、21世紀初め以降のジョージ・W・ブッシュからバラク・オバマ、ドナルド・トランプ、ジョー・バイデンまでの異なる政権でも引き継がれている。[1]

地理的な観点から言えば、19世紀後半から小麦の生産は西に向けて移動した。1870年から1880年の10年間は小麦耕作の拡大の時期だった。小麦の耕作面積は、ミズーリ州、アイオワ州、さらにイリノイ州、ミネソタ州といった中部の肥沃な地の農業の発展によって800万ヘクタールから1400万ヘクタールに拡大した。生産性も向上し、小麦の耕作はさらに西に進み、ダコタ、ネブラスカ、カンザス州の主要農産物になった。こうした新たな生産地はアメリカの穀倉、つまり五大湖を遠巻きにする有名な「小麦地帯」となった。こうした地域への小麦の定着は自然資源（水と土壌）と気候、そしてこの地域への植民——19世紀末から20世紀初めにアメリカに移民してきたヨーロッパ人の多くは新生活を樹立するために農業に従事する人が多かった——に関係する。やがて穀物耕作は向上し、機械化された。また、鉄道の発達、ミシシッピ川の開発が小麦の地理的拡大を促し、長距離の流通が可能になり、やがては大洋を越える輸送の発展がさらにそれに輪をかけた。第一次世界大戦直前、アメリカは世界一の小麦生産国になった——ただし、この時代の中国の生産高データはない。アメリカは300万トンを輸出し、外国に

400万〜500万トンの小麦を輸出して市場を独占していたロシアに次いで2位の地位にあった。1918年以降はアメリカの勢いはさらに明白になった。大戦で傷だらけになり荒廃したヨーロッパが国際取引におけるリーダーシップを決定的に放棄したからだ。それでも、ヨーロッパは当時、世界で消費される小麦の3分の2をまかなっていた。だが、ヨーロッパはアメリカの小麦を必要としており、アメリカの小麦のかなりの部分は当時、大きな輸入地域になっていたヨーロッパ諸国に流れた。1920年代、小麦はアメリカの輸出総額のおよそ15%を占めていたのだ。1929年の世界恐慌、そして悲劇の時代「ダストボウル」（1930年代初めにカナダの一部とアメリカの大平原地帯を襲った砂嵐）がアメリカの多くの農業生産者を動揺させたため、ルーズヴェルト政権は1933年に最初の農業調整法を制定した。「ファーム・ビル」という別名でも知られている法律だ［日本ではAAAと略称］。この農業調整法およびニューディール政策により、農業は米政府がより頻繁に介入する部門の一つになった。農業生産を支援し、投資を促すことにより、政府は農業の未来を信じ長期的に肩入れする姿勢を示した。このような認識と対応の速さは現在でも農業活動に対する基本的な信頼の保証である。

このように、1930年代以降、農業はアメリカの国力の要素の一つになった。その目的は明確に認識されている。国内需要に応えるとともに、世界の需要に貢献することだ。小麦を含む穀物は国内および国際的な野心を支える効率的な農業政策の中心にある。[2] 穀物は、1865年に設立されたカーギルのような国際的な商社およびアメリカ経済外交——同盟関係を張りめぐらせて多数の国に食糧援助をもたらすために冷戦時代に穀物を利用するようになる——とともに設置された農業食品システムの戦略的産物として認識された。食糧援助を受ける国々はアメリカ小麦――とりわけ有名なハード・レッド・ウィンター[3]――の特殊性に慣れるようになり、その小麦は冷戦後の貿易関係の継続に役立った。この冷戦時代は先に述べたようにアメリカの農業覇権にとって決定的な役割を果たした。1960年代から80年代、小麦の国際取引の3分の1はアメリカによるものだった。これは、アメリカ様式を推進する手段であるとともに、アメリカの外交手段として小麦を使うことでもあった。1979年、穀物の地政学を拓《ひら》いた草分け的ジャーナリスト、ダン・モーガンは次のように書いている。

穀物はアメリカ帝国の柱の一つを成している。［中略］穀物の研究に打ち込むと、世界は急に狭くなる。アメリカの畑と他国のパンの需要の間にある何千キロメートルという距離は、われらが地球村を別の次元から見ると消滅するのだ。[4]

1930年代以来、世界の小麦市場を安定化させるために市場の多国間管理を推進するさまざまな国際的イニシアティブがあった――あまり成功しなかった――が、アメリカが世界の調整役の穀倉であることは明らかだ。1960~70年代には生産性が大きく向上した。毎年、冬小麦で平均1・5％、春小麦で2・7％上昇し続けた。1972年からソ連の市場が開放され、発展途上国数ヶ国の需要が増大すると、アメリカの小麦生産は再び加速した。東側諸国への小麦の販売は利益になるとはいえ、当時は大きな論争を呼んだ。とくに民間会社の活動が連邦政府から批判され、穀物の統制問題が一気に浮上した。この10年間はあまりに豊作だったために、カーター政権は1977年から農場に保管する小麦の備蓄計画を決めた。それと並行して、ソ連では穀物不足により政治的、経済的、戦略的な影響が出た。1980年には、アメリカはソ連軍のアフガニスタン侵攻のためにソ連への小麦輸出を一時禁止さえした。

このように、小麦の国際取引におけるアメリカの支配は偶然の賜物《たまもの》ではない。それは長い時間をかけて構築され、20世紀後半に大きく発展し、現在でもアメリカはリードを維持している。このアメリカ方式は、綿密で厳格な行政的、経済的管理である。農業調整法は連邦政府の政策のなかでも最も重要なカテゴリーに含まれる。さらにアメリカは、絶え間ないイノベーションを可能にし、技術革命の先端にいることができるパフォーマンスの高い研究機関も持つ。なかでもフォード財団とロックフェラー財団は重要な役割を果たしている。アメリカの食料生産が同国の政治力を強化していることを理解するべきだ。圧倒的な地理的利点を持つアメリカは農業大国の地位を享受する。その地位はソ連陣営との競争だけでなく、世界で発展する市場において同盟国と競争するために使われるのだ。このように農業は、1970年代から80年代にかけてカナダ、メキシコ、そしてとくにEU加盟国との貿易交渉における主要な障害の一つだった。

冷戦後は、アメリカの世界支配が1990年代を通してさらに進むなか、農業と小麦はアメリカにとって重要な経済的、政治的要素であった。それでも、作物の選択には変化があった。大豆とトウモロコシがアメリカの作物構成の主要品目になった――とはいえ、それらの使用は主に飼料と工業用だ。小麦の耕作面積はかなり減少し、1980年代初めの3600万ヘクタールに対して、2000年代初めは2400万ヘクタール、現在は1500万ヘクタールだ。これに比べ、大豆は3500万ヘクタール、トウモロコシは3300万ヘクタールになった。

バイオ燃料の発展――ここで論ずるのはエタノールだ――はトウモロコシの耕作面積の増加と密接な関係がある。トウモロコシ生産の40％以上がエタノールの製造に充てられる。大豆のほうは、利益をもたらす価格面、そしてとくにアジアでの飼料用需要の高まりによってアメリカの生産者の目には魅力的に映る。ただし、近年は農学研究の努力がトウモロコシと大豆に集中していることに注目すべきだろう。小麦のゲノムはより複雑であることがその理由でもある。つまり、アメリカは今世紀初め以降、主に大豆とトウモロコシにかけていることになる。小麦を放棄したわけではなく、以前よりはやや後退した位置に据えたということだ。

アメリカは1990年代、年間6000万トン以上の小麦を生産し、3000万～3500万トンが国際市場に流れた。2000年代になると生産高は年間5500万～6000万トンの間を推移し、輸出は2500万～3500万トンだ。ところが、2010年代になると生産高の減少が見られる。年間生産量が6000万トンを超えたのは一度だけだ。2021年には40年来で最低の4500万トンに落ち込んだ。世界の生産高に占めるアメリカの割合は2000年～15年の平均値10～12％だったのが現在は6％になった。アメリカの小麦の収穫率（3・2トン／ha）は現在、EUや中国の約半分にすぎない。輸出量は2021年で2100万トンと、今世紀最低だ。100年近く保ってきた世界一の地位を2016年にロシアに譲り渡した。輸出大国アメリカの地位の侵食はここ30年間で際立っている。アメリカの小麦輸出は1990年代には世界

2010/11 年から 2021/22 年の世界におけるアメリカ小麦の買い手の上位 10 ヶ国
（この期間の累積／単位：100 万トン）

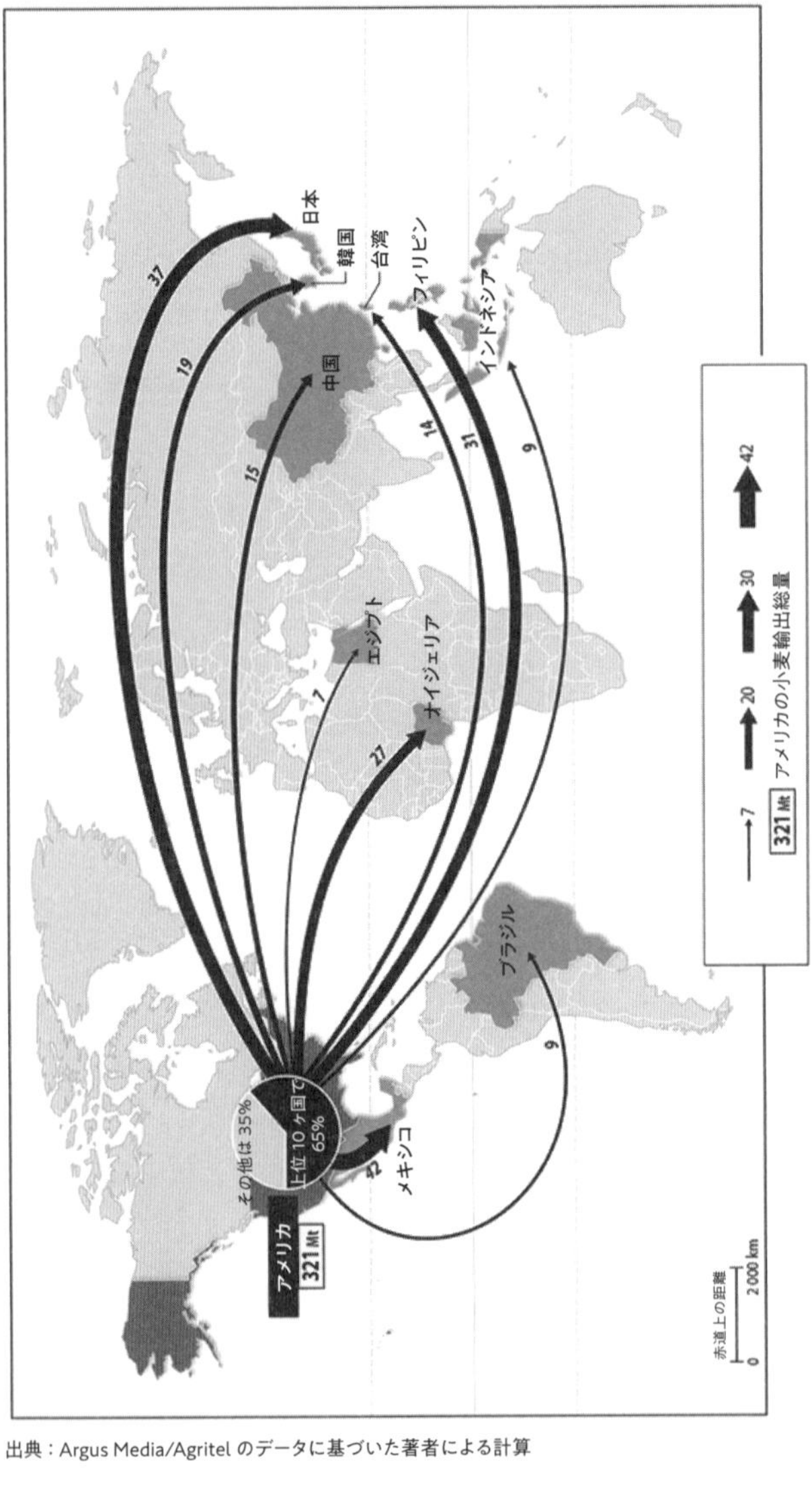

出典：Argus Media/Agritel のデータに基づいた著者による計算

の3分の1だったのが、2000～15年には20～25％になった。現在では最高で10～15％にすぎない。ところで、2018年以降、メキシコがアメリカ小麦の買い手のトップになり、アメリカの輸出量の15～20％にあたる300万～400万トンを占めるというのは興味深い。フィリピンもアメリカ小麦の買い手の上位に上ってきており、日本、ナイジェリア、韓国、台湾と肩を並べるようになった。エジプトはアメリカの主要な買い手だったが、2013年以降はアメリカ小麦の買い手のトップ10に入らなくなった。その年に軍部が強権的、反革命的な動きのなかで政権を握ったことは、アメリカ政府の気に入らなかったのだ……。

　アメリカは農業分野において、また貿易、外交、科学、文化を通じた国際的威光の面で今でも明らかな切り札を持っている。しかし、同国の重点はここ20年のうちに大きく変化した。国内的には、生産面での大豆・トウモロコシの躍進、そしてハイテク農業とエネルギー移行の模範地域として脚光を浴びるカリフォル

21世紀初め以降のアメリカの小麦輸出量の推移

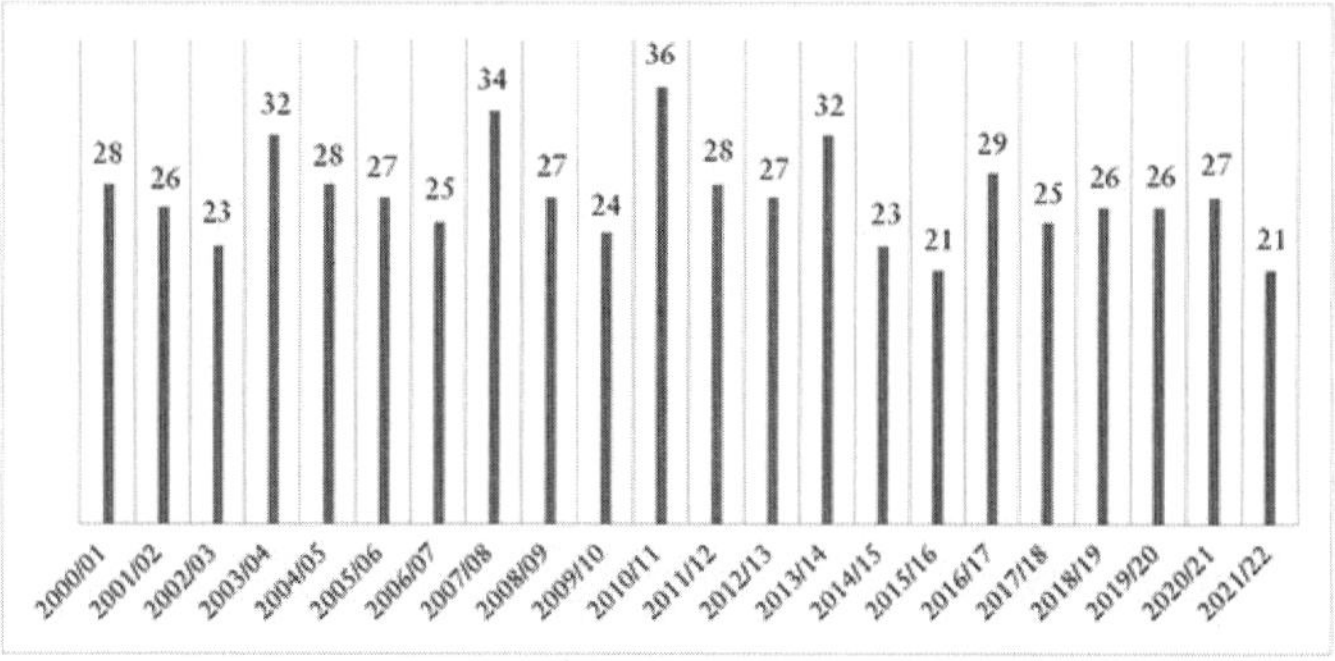

出典：USDA

ニア州の新デジタルソリューションがその変化である。リーダーシップが低下し、覇権に異論がはさまれるアメリカというのが、国際政治の傾向でもある。そして、小麦はかつて支配的だったアメリカのイメージと同様に、つねに存在するが、やや後退した感がある。

硬質小麦で有名なカナダ、だがそれだけではない

近年、カナダは小麦生産では世界でたいてい7位から10位の間にいる。耕作面積は１０００万ヘクタール、世界の生産高の3〜4%だ。耕作面積の4分の1は硬質小麦で、この戦略性の高い分野でカナダは世界の生産（15%）と輸出（65%）のリーダーだ。硬質小麦は、安価で調理も簡単で、需要の高いパスタやセモリナに使われる。アメリカ大陸の最北にあるカナダの特殊な状況を大ざっぱに説明すると、モロッコのクスクス料理に使われるセモリナや、イタリアで作られるパスタのかなりの部分がカナダの小麦を使っていると言える。この特殊な事情のため、カナダとモロッコ、イタリアとの貿易関係は密なのだ。硬質小麦の市場における影響力はカナダに重要な役割を与える。収穫に少しでも異変があると、世界中に影響が出る。２０２１年にカナダ小麦の収穫が50%減り、世界の農産品取引でカナダ小麦が減少した例もある。加工業者も消費者も値上がりに見舞われた。つまり、硬質小麦に関してはカナダがバロメーターの役割を果たしていることを心に留めておく必要がある。さらに、硬質小麦は食料に直接用いられ、世界の硬質小麦の消費者の3分の2は地中海地域に住むということも強調すべきだろう。この地域は穀物全般について世界市場にとくに依存しており、硬質小麦は沿岸の多数の国でかなりの生産量を上げているに

もかかわらず世界に依存している。したがって、硬質小麦に限っていうなら、カナダが地中海地域の覇権を握っていると言っても言い過ぎではないだろう。硬質小麦のほかの輸出国はアメリカとメキシコで、北米が力を持っていることは間違いない。南ヨーロッパとマグレブ（北アフリカ諸国）の硬質小麦の生産が衰退したため、食品産業は北米の豊作に期待をかけるようになった。ここで、フランス、イタリア、スペインではパスタ類に軟質小麦を使うことが法律で禁止されている――パスタがくっつきやすく味が落ちるため――ことにも言及するべきだろうか？　いずれにしろ、多くの穀物農家が硬質小麦を放棄して、より収益の高い穀物――フランスではトウモロコシ、イタリアではコメ――に切り替えたのである。イタリアの硬質小麦の現在の作付面積は1945年以来、最低になっている。

かといって、カナダの軟質小麦を軽く見てはならない。カナダは近年では平均で年500万〜700万トンの硬質小麦を収穫しているが、軟質小麦は2500万トンなのだ！　ゆえにカナダは世界の輸出大国の一つである。カナダの小麦の60〜70％は世界市場に出回る。もちろん国内消費も確実にあるが、カナダの人口は3500万人を超えることはない。たとえセイヨウアブラナなど別の産物の耕作面積と生産量が20世紀末から確実に増えているとはいえ、小麦はカナダの農業にとって高い価値を維持している。カナダは小麦の輸出国の上位5位内につねに入る。今世紀初め以降、カナダは4億2000万トンの小麦を輸出した。これはロシアと同等で、アルゼンチンの2倍にあたる。加工していない小麦と加工した小麦製品を合わせると、輸出によって年間およそ100億ドルをカナダ経済にもたらすのだ。

この耕作の規模から、世界の小麦取引の主要国に加わるカナダの力が部分的に説明できる。カナダの生産農家は耕作の拡大および土地への資本投資の管理ができる。耕作地は、世界有数の小麦産地の一つである中西部のサスカチュワン、アルバータ、マニトバ州に集中している。そこで相反する地理的な問題が浮上してくる。水も豊富な耕作に適した土地であると同時に冬は厳しく広大な土地であるために、収穫された農産物を消費の中心地に届けるため遠くまで輸送する必要がある。とりわけ、南東部にある五大湖や大西洋、太平洋岸の港までが遠い。たとえば、サスカチュワンの穀物平野とバンクーバー港は1500キロメートルも離れている。大西洋岸に出るには、カナダの小麦はおよそ3000キロメートルもの輸送が必要だ。この輸送は、昔も今も列車輸送がほとんどである。小麦栽培がまだ始まっていない地域もあったにもかかわらず、すでに19世紀末からその鉄道に沿った駅は大規模な貯蔵庫（穀物エレベーター）を有していた。こうしたイン

21世紀初め以降のカナダの小麦輸出量の推移（単位：100万トン）

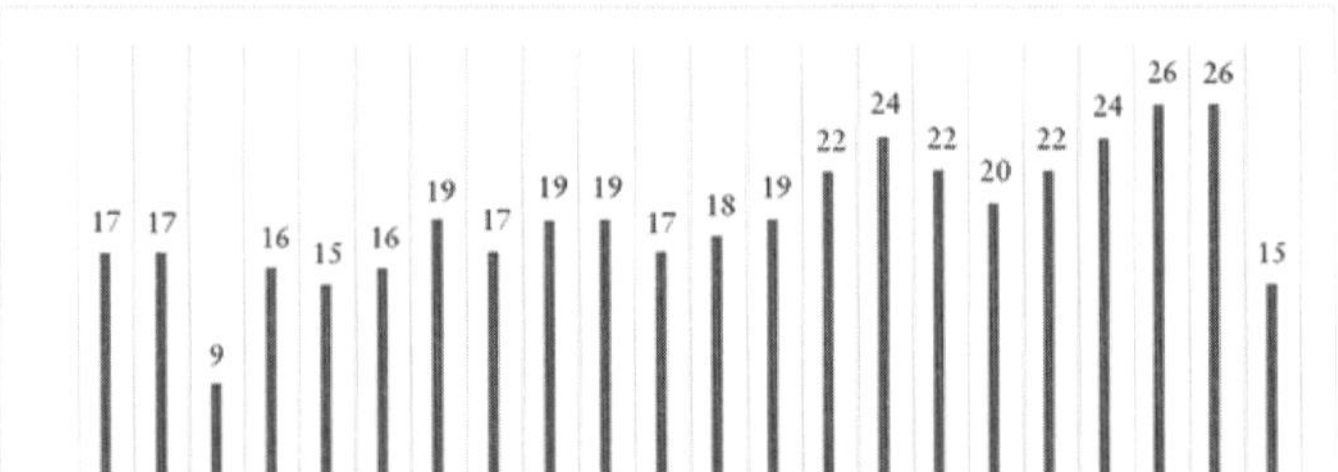

出典：USDA

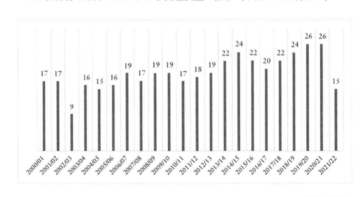

フラ整備をテコに、カナダ政府は移民——多くはヨーロッパ出身——に当地で手っ取り早く確実に収入を得られる小麦を育てるよう奨励した。第一次世界大戦直後までは、カナダ太平洋鉄道のおかげで国内の小麦流通が容易になった。しかし、カナダの物流チェーンの効率性は、人のノウハウや輸送手段のみによるのではない。事実、農業の可能性の実現にとって、自然はつねに手強い敵だ。小麦は豊作であっても、国土を突ききってあまり遅れずに——寒さや雪のせいで遅れることもあった——品質の損害もなしに港にたどり着かなければならない。

もう一つの不安定要素がカナダの脆弱さに加わる。小麦の品質が悪化しうることだ。ところが、カナダ産は小麦市場の事業者や輸入国から世界最高とみなされている。カナダは小麦を国の発展の目玉にするための政治的、経済的な手段を非常に早くから会得したと言わねばなるまい。１９３５年に設立されたカナダ小麦委員会（ＣＷＢ）は76年間にわたって、小麦と大麦の輸出を担当する公的機関で、生産者の出荷および輸出の実績と価格に応じて何十年ものあいだ均一価格を決めていた。ＣＷＢは世界最大の小麦販売組織であり、期間面でも取扱量の面でもモノプソニー——多数の売り手に対して唯一の買い手がいる市場——の状態だった。ＣＷＢは国内７万５０００の穀物栽培者から購入し、カナダ産小麦を調達する60〜70ヶ国と取り引きをした。平均年商は40億〜60億ドルだった。またＣＷＢは、１９８０〜90年代に行われた北米自由貿易協定（ＮＡＦＴＡ）の交渉の際に、カナダとアメリカの対立の中心テーマでもあった。ＣＷＢの力は非常に大きく、その役割はカナダの農業の発展に不可欠だった。[6] ２０１２年、スティーヴン・ハーパー政権はこうした状態に終止符を打ち、小麦取引を自由化した——政治面、そして立法面での激しい戦いがあった。結局、CWBはまったく消滅したわけではないが、改革されてその役割は大幅に縮小された。国内の穀物生産者の唯一の買い手ではなくなり、小麦の世界市場の主役ではなくなったのだ。その変化を歓迎する人もいれば――国内でも国外でも――心配する人もいた。CWBの実質的な解体により、とくにカナダの小麦業界の物流組織などは巻き添えを食って損害を受けた。商業的かつ品質的な変調――小麦の分類、仕分けの質が下がると専門性が失われるため――はマイナスに働いた。CWBは物流チェーンのあらゆる段階を保障していたからだ。カナダ産小麦の評判は畑で収穫される小麦の質ばかりでない。清掃や管理の質も競争力の要因だったのだ。カナダの小麦産業の自由化により2015年以降は、サウジアラビアの政府系ファンドSALICとブンゲ社のジョイントベンチャーから生まれたG3カナダ・リミテッドが旧CWBの大株主になったことを付け加えておこう。そこにカナダ西部の生産者が株主として加わった。これと並行して、カナダの商社リチャードソンが勢力を広げ、北米の農業・食品大手の一つになった。植物油では北米トップ、穀物全般と硬質小麦でもますます力をつけている。

小麦のヨーロッパ――自給自足からあいまいさへ

27ヶ国の加盟国を持つ欧州連合（EU）は今日、農業と穀物の主要生産地域である。合計人口は4億5000万人に上り、中国に次いで世界第2の小麦消費地域でもある。単に共通市場であるばかりでなく、EUは世界の小麦生産でトップだ――EUの収穫がよくないときは、中国がトップの地位を主張するのではあるが……。現在、EUは世界の小麦輸出でアメリカに先んじ、ロシアに次ぐ第2位の地位にある。この地経学的利点は、ある政治計画に基づいている。それは「連合」だ。加盟国ごとに分割されたEUの小麦の数字はそれほど大したものではない。しかし、EUはその農業力を認識し、21世紀もそれを維持していきたいのだろうか？　小麦は、EU農業の脱炭素化を目指す環境保護の主張に含まれるのだろうか？　世界的な危機の高まりや、ヨーロッパの民主主義に対するある国々の敵意に対して、小麦の戦略的価値の認識は高まっているのだろうか？

農業により形成されたEU建設

第二次世界大戦後、荒廃したヨーロッパは国民を食べさせるために、小麦のうちかなりの割合を輸入に頼った。その量は約500万トン。1950年代初め、西ヨーロッパは農産物が大幅に不足していたため、フランスはヨーロッパ農業食糧共同体の創設を提案した。この案は結果的に実現されなかったが、農業は欧州建設への大きなテコになっていった。ヨーロッパは穀物生産地である。この分野ではフランス、ドイツ、ポーランドが主要国である。コメでさえ、消費の3分の2は欧州内の生産（イタリアとスペイン）でまかなっている。しかしながら、EU内で栽培される穀物の45％を占める小麦が欧州の第一の切り札である。実際、欧州は巨大な小麦の穀倉地帯だ。土壌条件に恵まれ、ロンドンとパリ盆地とベルリンを結ぶ大きな三角地帯に東のドナウ川流域を加えた地域は小麦栽培にとくに適している。EUの利点は、農業生産者が長期的な視点で発展を見込めるような法的、資本投資的な枠組みがあることだ。こうしたガバナンスは共通農業政策（CAP）および欧州の穀物生産の成功の原動力である。EUの穀物の未来について問うためには、まずはその歴史を見ていくべきだろう。

●小麦で自立するために計画的に行動する

欧州経済共同体（EEC）の設立を規定したローマ条約が1957年に締結されたとき、創立メンバー6ヶ国の国内総生産（GDP）に農業部門の占める割合は平均20％で、雇用の3分の1を占めていた。1960年時点で、EECではおよそ2300万トンの小麦を生産していた。1962年に創設された共通農業政策（CAP）は主に、生産性の向上、農業従事者の適正な生活水準の保障、市場の安定化、消費者への供給保障と適正な価格保証を目指していた。それが欧州の食料安全保障の戦略的展望となっていた。こうした目標は、共通関税をともなう加盟国優先策を柱とした共通市場のなかで練り上げられた。CAPが目指していたことは容易ではなかった。CAPの創設者たちの大胆な考えを具体化するためには、確固たる措置が必要だったからだ。たとえば、公的な在庫、高い関税率、そして必要な場合は輸出補助金によって可能になる域内最低価格を決めて穀物市場を規制することが決められた。並行して、各国の農業研究所が農業実践の手引きを普及させたり、戦略的とみなされる部門に関する科学的知識を推進したりするために動員された。農地は交換分合［分散する農地を、所有権の交換によって広い農地にまとめること］され、機械化が普及し、化学肥料や効率的な品種を利用することが次第に農業従事者のあいだに浸透していった。農家は奨励的なCAPに活気づいた。EECは長期的に利益を得られる最低価格を保証することで、農家が投資し、新たな技術を学び、組織化し、生産を発展させることを促した。

こうした状況から、欧州の農業は非常に大きな発展を遂げ、生産性向上にともなって生産高が上昇した。1980年になるとEEC6ヶ国は小麦の生産量を1960年のほぼ倍にし、5000万トン前後になった。収穫率は平均4・4トン/ヘクタールで、当時のアメリカよりも高かった。この飛躍は20年で倍になった生産性向上によるところが大きい。国内の小麦価格が高いことにより、飼料用穀物の代替品――タイのキャッサバ、アメリカのグルコース工場製造のトウモロコシ・グルテンフィード――の輸入を促し、国内小麦の飼料への使用はごく一部になった。こうして1970年代終わりにはEECは定期的に小麦を輸出する側に回ったのだ。以前の状況と比べると注目すべき発展だ。しかし、1980年代になると、この制度は自らの恥辱に直面する。穀物生産者は公的在庫に供給するためにますます生産を増やし、在庫は1990年代終わりには2500万トンに達する。このことは当時メディアでも話題になった、欧州共同体(EC)の肉や粉ミルクやバターの「山」の問題だ。こうしてCAPへの批判が高まった。批判は内部からも――とりわけ、CAP予算の大きさを批判する英国――外部からもあった。後者のほうは、補助金に支えられたECの輸出は不正であり、世界市場を不安定にするという批判だ。

◉新世紀を視野に入れたサイクルの変化

1992年、欧州委員会の農業担当委員だったレイ・マクシャリーが指揮をとった大転換があった。加盟国は、公的介入価格を大幅に引き下げ――穀物は35％減――、農家の収入減を直接援助によって埋め合わせるというCAP改革を選択した。CAPは価格維持から農家の収入援助による支援に変わったわけだ。さらに、この援助は、耕作地の面積に応じて一定程度を休耕地にするという条件が付けられることになった（この制度は2008年に廃止）。この休耕地の義務化――穀物の耕作面積の5〜15％に相当した――の目的は、生産量の上限を設定することで輸出支援の予算を制限することだった。こうして本来の戦略的課題よりも、財政面の問題が重視された。新たなCAPにより、飼料用の小麦が輸入品に対してより競争力が持てるようにはなった。

国際的には、共通農業政策の改革がウルグアイ・ラウンドの合意を容易にすると考えられた。事実、1992年のCAP改革の重要な目的は、変容する多国間取引――とりわけ世界貿易機関（WTO）の設立が決められた1994年のマラケシュ協定――および、ベルリンの壁の崩壊やECが1995年に15ヶ国に拡大されたといった欧州の大きな変化に対応している。そして、CAPの歴史の新たな段階が、「アジェンダ2000」と呼ばれる改革が行われた1999年に始まった。EU委員会はその後も、介入価格のレベルを下げ、欧州市場を国際市場に近づけ、中・東欧諸国の加盟に鑑みて農産物の余剰が適切に管理されないリスクを抑えようとした。しかし、CAPの真の改革はCAPの「第2の柱」を創設したことだ。これは、農業生産そのもの（「第1の柱」）に加えて、国土整備、土地の維持管理、生物多様性の維持といった農業に関係するほかの機能を推進することを目指す措置をまとめて指す。この「第2の柱」は農業の多様な機能を強調する時宜を得た進展ではあるが、CAPの元々の意義を変化させるものでもある。欧州における食料不足の不安を取り除くという食料安全保障という当初の目的から、ＣＡＰを消費者と農業生産者の充足感の道具として位置づけるという変化である。

この戦略の変化に加えて、２００３年、２００８年、２０１３年の見直しのたびに強まった予算修正もある。これと並行して、ＷＴＣ、ドーハ・ラウンド交渉とＣＡＰの両立の問題も深刻になっていく。第三世界の国々からの要求は多い。２００３年、ＥＵは生産行為と支援を切り離すことを決定した。農業生産者は生産の義務なしに毎年支援金を受け取るようになった。こうして生産者の収入は保証されたが、ＥＵの農業戦略はわかりにくくなった。

●環境保護に舵取り、しかし食料不安が戻ってくる

２０１３年に行われた２０１４～20年を対象としたＣＡＰ改革は、効率性、持続可能性、欧州社会から見た公平性の目標に鑑みて農業分野の出費をよりよく正当化することを目指すものだった。また、国家間と地方内の支援制度のいっそうの統一化を目標としていたが、それは加盟国が国内の直接支援の上限の30％までを、気候や環境を考慮した義務的実践に支払うといった環境保護の方向性をはっきりと示していた。しかも、予算に関して加盟国に与えられた最大の柔軟性は支援配分と「第2の柱」だった。こうして、ＣＡＰは創設時よりも少しずつ「共通」でなくなっていったのだ。

このようなＣＡＰのグリーン化や特異化の傾向は近年、強まっていた。本来は２０２１～27年向けだった新たなＣＡＰ改革が２０２３年に発効した。この間に新型コロナウイルスのパン

デミックが起きたことは認めないわけにはいかないが、グリーンディールの奨励する方向性のために、ＥＵ委員会と加盟国との交渉に多数の落とし穴ができたことに言及するべきだろう。２０５０年までにＥＵをカーボンニュートラルにすることを目指すグリーンディールは、ＥＵ委員会の主要な戦略路線を表しており、あらゆる部門の政策がこれに沿ったものでなければならない。農業についても同様で、２０１９年と２０２１年に決定した2つの主戦略――〝Farm to Fork〟（農場から食卓まで）と生物多様性――が優先される。２０２１年6月24～25日、欧州議会、各国農業相、ＥＵ委員会は新たなＣＡＰの内容でやっと合意を見た。これにより、ＥＵは２０３０年までに農業耕作地の25％を有機栽培に充て、化学肥料の使用を20％削減し、農薬や畜産用抗生物質の使用を50％削減し、域内の農地の10％を休耕地にすることが決まった。グリーン化の項目では、環境保護に貢献する計画を実行する農家へのボーナス「エコ・スキーム」は直接支援の25％に上る。さらに、新たなＣＡＰは、加盟27ヶ国それぞれの国家戦略計画に基づいて「再国有化」を促す方向性を示す。ＥＵの農家の不安は大きい。生産目標はまったく優先課題でなくなったし、経済的競争力も新ＣＡＰではあまり触れられていないからだ。だが２０２２年、ウクライナ戦争と生産コストのインフレーションの影響により、ＥＵ委員会は市場の量的危機を抑えるために休耕地などの措置を一時的に見直す必要に迫られた。

ヨーロッパ大陸における地政学的ヒートアップにより、農業の議論が環境的視点のみに集中することが見直されるようになった。気候変動との闘いは、ＥＵが見直すべき戦略的観点を考慮しつつ進められるべきであることは明らかだ。ＥＵが食料面の自立や安全保障を語るとき、長年にわたって欧州空間の安定と安全を保障してきた農業力と生産力を放棄するのは驚くべきことだ。

グリーンディールと「農場から食卓まで」戦略についてのいくつかの研究によると、収穫量が減少し、域外からの輸入増加が必要になってくると結論づけている。たとえば、主に穀物取引産業を代表する欧州の団体ＣＯＣＥＲＡＬ（穀物・飼料・油糧作物輸出入組合）は、将来分析[7]のなかで、グリーンディール政策を中程度に適用した場合、小麦生産は２０３０年までに15%減少し（年間２０００万トン）、２０５０年まではさらに減少すると予測している。この見通しによると、ＥＵは穀物の輸入地域になり、小麦の輸出も少しずつ侵食されていくという。農業教育と研究で世界的に有名なオランダのワーゲニンゲン大学の研究[8]も同じような分析結果を出している。それによると、欧州の大規模耕作は10〜20%減産し、ＥＵ内の食料価格が上昇し、そして、国際市場からの輸入が増加するとしている。しかも、ＥＵがある産物で大規模な恒常的買い手になるなら、国際取引の不安定を招く可能性もあるという。この研究はまた、耕作地の25%を有機農業にすることによる環境面の利点はすべての耕作——とくに小麦では——には当てはまらないとする。逆に、別の研究によると、「農場から食卓まで」戦略、広い意味ではグリーンディール政策は、ヨーロッパのより持続可能で耐久性のある農業食料制度の発展への仲介となるという。また、いくつかの研究は、ＥＵがこれ以上生産量を増やすことは期待できないと予測し、世界の穀物・食料の均衡におけるＥＵの役割を減じることなく、ＣＡＰの大幅な再編および農業経済モデルに向けた欧州の方向転換を奨励している[9]。したがって、欧州共同体建設の推進役を果たしたＣＡＰだが、つねに多数の論争——ＥＵ委員会から割り当てられる予算（２０２１〜27年の予算枠の支出トップ）、持続可能性と戦略地政学のあいだで起きる対立――を巻き起こしているのだ。[10]

ヨーロッパ小麦の新たな境界

ＣＡＰの変遷および、生産・経済・気候問題で近年ＥＵ農業を揺るがせている議論に、小麦の問題を反映させてみることは有益だろう。そのことをＥＵの境界の概念とからめることは可能だ。１９９５年、欧州共同体は小麦の作付面積が１２００万ヘクタールあり、７５００万トンを生産し、うち１６００万～１８００万トンを輸出した。この数字は当時の12の加盟国からなるヨーロッパのことだ。その後４回の加盟国拡大があり（１９９５年、２００４年、２００７年、２０１３年）、あまり言及されることはなかったが、これによって欧州の農業力――とりわけ穀物の――は大幅に増大した。現在、27ヶ国の加盟国を擁するＥＵは、２０２０年の英国の離脱にもかかわらず、世界の勢力図に大きな比重を持つ。小麦の耕作面積は世界のそれの10％にあたる２２００万ヘクタールになった。年間生産量は近年の平均で１億２５００万～１億４０００万トンの間を推移し、輸出は３０００万トンの大台をしばしば超えるようになった。今世紀の22年分の収穫から、ＥＵはおよそ5億トンを輸出している。同期間でアメリカよりは１億トン少ないが、ロシアよりは１億トン多い。ＥＵ拡大は生産能力とともに輸出能力にも活力を与えたのだ。この5億トンの輸出のうち、半分は２０１５年から２０２２年の間に行われた。輸出先はアルジェリア、エジプト、モロッコ、中国、ナイジェリアなど域外が多いが、40％は域内の取引だ。フランス一国だけでＥＵ輸出量の平均３分の１を占める。ルーマニアが20％弱と続き、次いでドイツ（15％）、リトアニア（7％）、ラトビア、ブルガリア（各6％）だ。21世紀になってEUに加盟した東欧諸国がEUの小麦輸出全体の40％と貢献している。1990年代半ばからのEU拡大により、小麦の耕作面積、生産量、輸出がほぼ倍になったということだ。EUの資金が、長年ソ連の集団農場制度に封じ込められていた東欧の農業経営の発展と近代化を確実に促したのである。しかし、EUが小麦を輸入していることも忘れてはならない。年間400万～600万トンだが、その3分の1は硬質小麦であり、よってカナダが主な供給者の一つである。ウクライナ、ロシア、アメリカ、モルドバ、英国の小麦もEU市場に入ってくる。

EUの利点の一つは、生産量が非常に安定していることだ。たとえばオーストラリアのように年による収穫量の変化が大きい他の国々や穀倉地域に比べて安定している。温暖な気候と湿度が小麦の栽培に適しており、世界の他の地域よりも異常気象が少ないので、農業経済学の用語を借りると、気候による「ストレス」が非常に少ないと言える。このことに加えて、ヨーロッパの農業生産者のノウハウ、半世紀にわたるCAPの支援により、世界の平均よりはるかに高いうえに、ライバルの北米や黒海地域よりも高い生産性（EU27ヶ国の平均が5・5トン／ヘクタール、フランスは7トン、ドイツもほぼ同じ）を得ることが可能になった。EU加盟国の19ヶ国が世界の国別小麦生産性で上位30位内に入る。しかし、気候変動や、ヨーロッパ大陸がより頻繁に経験するようになった極端な気候現象からすると、長い間EUの利点だった気象条件は急激に変化する可能性がある。干ばつはより目立つようになり、期間も長くなり、したがって穀物により大きな影響を与える。ヨーロッパの生産性はまだ高まる可能性はあるだろうか？　生産性が下がったり、年によって、あるいは同じ国内の地域によって大きな開きが出るようになるだろうか？２０２２年はその意味では象徴的だった。生産ショックはトウモロコシに現れたが、生育時期が異なり、気候不順への耐久性が大きいとされる小麦にはほとんど影響がなかったことは強調すべきだろう。気候問題は別のところで取り上げるが、気候は将来のＥＵの農業と小麦生産の関係のカギとなる要因の一つとして言及されるべきだ。こうした見方からも、ヨーロッパの農業の未来にとって、イノベーションや科学との関係が主要な課題であり続けるだろう。実際、社会的、民主主義的な議論が存在し、維持されるべきならば、欧州諸国は技術の進歩がもたらすさまざまな可能性を取り入れつつ、気候変動に適応しなければならない。また、古く伝統的な実践の再発見が有効な場合もありうる。将来の農業はこれまでになく、そうしたものを組み合わせたものになり、ヨーロッ

21 世紀初め以降の EU の小麦の輸出量の推移（100 万トン）

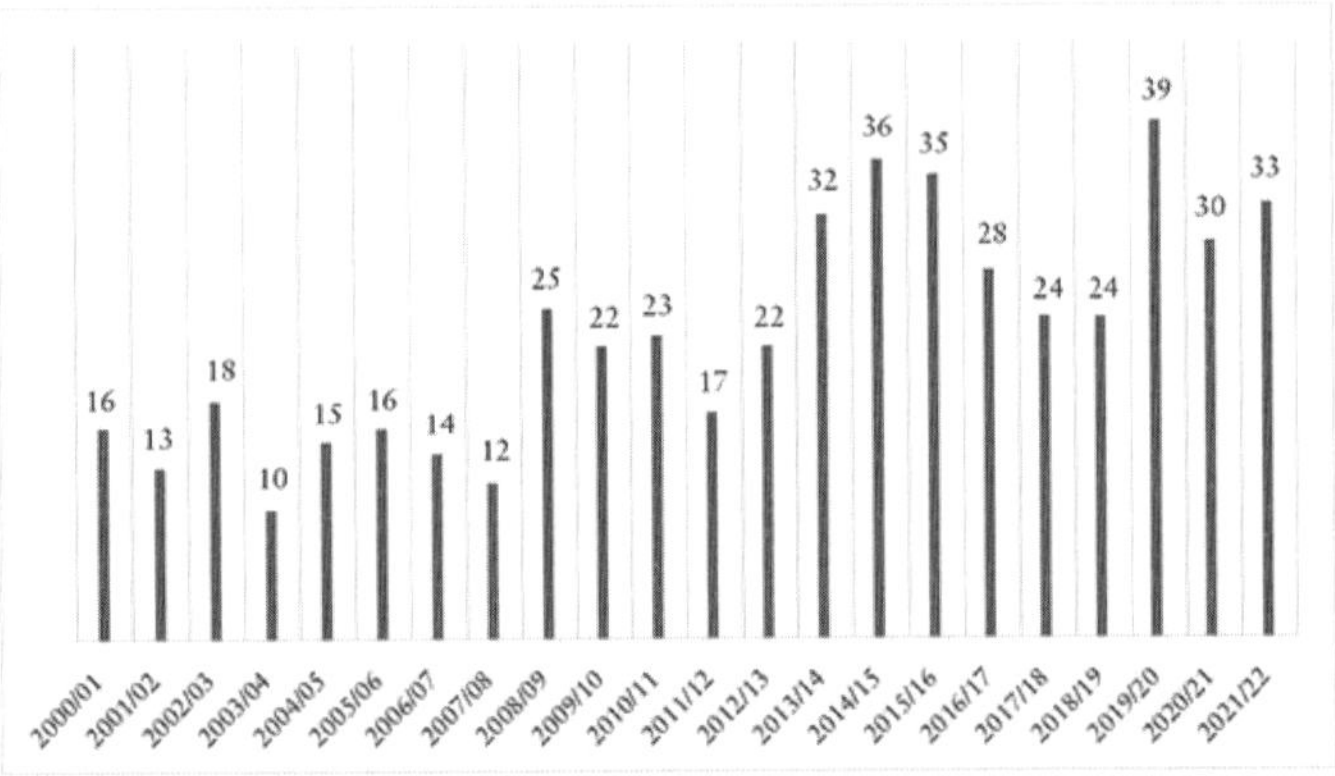

出典：USDA

パ大陸もそれから逃れることはできないだろう。さらに、アマゾンの森林破壊の原因としても批判されている大豆のアメリカ大陸依存から脱するために、ヨーロッパの「タンパク質主権」［食料主権と同様に、植物性タンパク質を輸入に頼らず国内生産するべきという考え方］を支持する考えが広がっているなか、欧州の土地における油糧植物（ヒマワリ、大豆、菜種）の発展は、現在小麦に充てられている耕作面積を犠牲にして行われるだろうことに留意するべきだろう。ここでも限界はある。EUではこれ以上使える土地はあまりないため（しかも、農地の10％の休耕が義務付けられている！）、異なる大規模栽培のあいだで調整する必要があるからだ（土壌の条件や産物の価格、そのための政治的支援などより生産者が作物を選択する）。

こうした気候、農学、科学面の限界に加えて、EUの農業と穀物の地政学的境界に関するEUの意図について疑問を投げかけるべきだろう。まず、EUは生産物を輸出しなければならないのだろうか？　もし輸出すべきだとしたら、どこに、そして適切な戦略を持った輸出を促すどういった手段を用いるべきだろうか？　EU27ヶ国は、ここ10年来、小麦の国際取引の平均17％を占める主要な農産物輸出者である。だが、東欧諸国がEUの農業生産を強化し多様化させたにもかかわらず、東欧へのEU拡大がEU農業に関して肯定的に論じられることは稀だ。このEU小麦の拡大は国際市場において評価されるべきではないだろうか？　つまり、農業はある時期、「EU大国」とそれを体現する戦略的部門のヴィジョンの失敗の象徴だったかもしれない。EUの主権を支えるために相互補完を模索し、世界への影響力を保つために利点を積み重ねようとする代わりに、農業についての議論は技術論に終始し、地政学的には読み取りにくくなった。もし

ＣＡＰがＥＵ域内の調整と規制の道具という単に参照となる枠組みになってしまうなら、外部に対する共通の農業（または小麦）政策はないだろう。フランス産、ドイツ産、ルーマニア産の小麦はひとたびＥＵの境界を越えるとライバルになる。よって、加盟国を合わせた統計は意味がなくなる。パンデミックや隣国の戦争回帰に揺れるＥＵが進めるべき戦略地政学的農業の必要性を見直している今、そうしたことを考えるべきではないのか？　将来、国際市場へのＥＵの供給の信頼性を高め、輸入国にとっての欧州産の確実性を高めるためだけでなく、ＥＵの穀物の品質の相互補完性の価値を高めるためにも、以上のことは間違いなく大いに考えるべきテーマである。

ウクライナのＥＵ加盟の可能性が明確になった今、このような議論を避けることはむしろ難しいように思える。事実、ＥＵは２０２２年6月、隣国ロシアに侵攻されたウクライナ政府が懇願した数ヶ月後に、この国に候補国の地位を与えた。ＥＵとウクライナの関係はかなり長い。ウクライナは２００４年から欧州近隣政策（ＥＮＰ）に参加しており、２０１４年には連合協定が調印されて貿易が容易になっているが、２０２２年6月の27ヶ国の元首と政府の決定はとくに重要なステップだ。そのメッセージは明確だ。ＥＵ委員長のウルズラ・フォン・デア・ライエンが「ウクライナはヨーロッパ・ファミリーに属している」と表現した通りだ。加盟の加速プロセスは原則として予定されていないため、加盟のプロセスは長いが、今からでもＥＵ加盟国としてのウクライナのシナリオを考えるべきだろう。新たなＣＡＰは２０２３年に発効する。したがって、次の大幅な改革は２０２０年代の終わりになるだろう。ＥＵ委員会は２０３０年代の新ＣＡＰ計画に関して、ＥＵの境界の内側であると同時に外側にあるウクライナの農業の要素を含めるのだろうか？　ウクライナ農業の競争力がEU内のある種の均衡を弱体化させ、生産コストや規則順守の面でウクライナで実践されているそれらを大きく上回る国々から反発を呼ばないだろうか？また、EU外部に関しては、広い世界に向かう農産品貿易が活発なウクライナに対し、EUのほうはグローバリゼーションに背を向けて、CAPをヨーロッパ大陸だけに限定するようになるのだろうか？　統計から言うと、2020年代初めで、EU27ヶ国とウクライナを合わせて世界の小麦輸出の4分の1を占めている。そのことは、将来、世界の大量輸入地域にとってEUを持続的で信頼性のある「穀物大国」としての位置づけを維持するために考慮すべき事柄なのだろうか？　少なくとも地理的アプローチを地中海地域——そこではわずかな社会的・政治的不安定がヨーロッパにまで波紋を広げる——に絞ることが望ましいのではないだろうか？

穀物、もっと広く言えば農業は、EUが自らの主権を表す上で前面に押し出すべき資源の一つであるべきだ。農業制度のグリーン化を継続し、その農業を脱炭素化と適応性と革新を包括する気候戦略の中心に置くことのできるEU、それと並行して再びCAPを活性化することのできるEUは、グリーンディールを発展させつつ再び地政学上の「大国」であろうとするEU執行部の厳命に十分応えているのではないのだろうか？　変化しつつある世界にあって、EUは自らの利点を維持し、域外に対する行動との相乗効果を生じさせるような共同体計画についてできることを見据えなければならない。EUは世界の食料均衡に貢献するよう——世界中に食糧を与えるのではなく——要請されているのだ。この方向性を通してEUは、農業や小麦をますます国の勢力の主要な道具にしようとするライバルに対して競争力を維持できるだろう。

ルーマニアとコンスタンツァ――EU小麦の新プレーヤー

2007年にEUに加盟したルーマニアは穀物に関して大きな潜在能力を有している。加盟後すぐにCAPを適用されたことで、同国の農業の近代化と生産性向上の効果がもたらされた。現在でも同国の就労人口の20％は農業部門に従事している。しかしながら、このダイナミズムはいくつかのバランスを変化させた。農地の集中化が進み、植物栽培とは対照的に畜産は減少し、生活の糧を得るための零細農家と輸出すらできる競争力のある企業、という農業の二極化を進展させた。穀物はこの変化において重要な役割を果たしている。ルーマニアは2017年以降、年間900万～1000万トンの穀物を生産している。これはEU加盟前の生産の2倍にあたり、そのうちおよそ40～50％が輸出される。こうしてルーマニアはEUの小麦取引の中心的役割を果たすようになり、同時に他のEU諸国のライバルにもなった。年間400万～500万トンの輸出の多くは地中海沿岸諸国向けで、中でもエジプトは近年ルーマニアからの輸入を大幅に増やした。小麦の輸出によるルーマニアの収入は今では年間10億ユーロを上回っており、同国のような新興国にとっては大きな金額である。ルーマニアの強みの一つは、コンスタンツァ港のようなパフォーマンスが向上し続ける有利な農業物流システムを有していることだ。ドナウ川河口からそう遠くなく、ルーマニア平原のど真ん中に位置し、1世紀以上前にできたこの港からは、ヨーロッパの多数の国々の産物を輸出することができる。ポーランドやブルガリア、ドイツの穀物がここで積み込まれて国際市場に向けて外洋に出ていく。コンスタンツァは今ではEUの農産物積み出し港の牽引役としてフランスのルーアンに並ぶ。欧州や世界のほかの大型港に匹敵する規模の同港は、大型貨物船も受け入れることが可能だ。また、2022年春からはウクライナの穀物が積み出されるのもコンスタンツァ港である。戦争でウクライナの港が機能しないために、平底船でドナウ川を通過して同港にやってくるのだ。

黒海は世界の穀物のハートランド

今からおよそ100年前、英国の地理学者ハルフォード・ジョン・マッキンダーは当時の国際関係理論のなかでも最も重要なものの一つを表明した。それは以下の基本理念に基づく。

東欧を支配する者はハートランドを支配する。ハートランドを支配する者は世界島［ユーラシア大陸とアフリカ大陸］を支配し、世界島を支配する者が世界を支配する。[11]

第一次世界大戦後の数十年間、この「ハートランド」理論は、ナチス・ドイツやソ連が東欧やドナウ川流域、黒海沿岸の資源を狙ったように、いくつかの大国が展開した戦略に表れていることが多々あった。ウクライナはしばしば、こうした地政学的野心の的になった。今のロシアとウクライナ間の紛争の背景にこの理論を置いてみることは興味深いかもしれない。両国が今世紀初め以来、どのように農業計画に力を入れていたかを理解しようとするなら、なおさらだ。

世界中で輸入される小麦の3分の1近く。それが、2020年代初めの世界勢力図における両国の重要性なのだ。2000年代初めにはその数字は10%を超えなかった。このことが両国に世界レベルで重要な地経学的地位を与えているとはいえ、両国の小麦は国際市場で競争にさらされていないとは言えない。今世紀初めに、ポスト・ソ連時代の経済的停滞から抜け出した両国は、似たような目標を掲げて農業の発展に野心的に乗り出した。その目標とは、地理的条件による資源から利益を引き出し、農業を最優先課題として生産装置を再編し、農業を国家主権に不可欠なものとみなし、同時にグローバリゼーションの流通機構に入り込むことだ。

ロシア——世界征服を目指す穀物超大国

ロシアが農業や穀物問題に再び取り組み始めたのは、2000年にウラジーミル・プーチンが政権についたのと時期を同じくする。エリツィン大統領政権の混沌とした時代を経て、プーチンは当初から国の威信を取り戻すことを主要な目的とした。プーチン時代の初期は、国内の秩序を回復し、国際的な野心を取り戻すことを目指した。国の復興に貢献できる一次産品を有していたことは実に幸運だった。[12] こうしてロシアは原油、天然ガス、穀物を戦略的切り札、もっと言えば世界の大国に仲間入りするのに貢献するものと位置づけた。このプロセスはいくつかの段階に区別するべきだろう。２０００年代は１９９８年のルーブル切り下げに支えられた農業の発展と、世界貿易機関への加盟（実現は２０１２年）を目指した世界市場への国の開放、そして、一次産品の価格上昇がロシアの利益と政権に近い新興財閥《オリガルヒ》を富ませるのに有利に働き、一種の経済的陶酔感の段階でもあった。[13] 国内総生産（ＧＤＰ）は２０００年から２００９年にかけて、平均で年間７％ずつ上昇した。小麦の生産量も同時期に３５００万トンから６０００万トンに増加した。それでも、ロシアは主に乳製品、肉、果物、野菜などで農産品の輸入国であり続けた。

次の段階は世界的金融危機――ロシアも巻き込まれた――とともに２００９年に始まった。ロシアはエネルギー価格の変動を被ったが、それはロシアの経済と発展を大きく左右した。この現象は今世紀初め以来、恒常的なものである。小麦も市場価格が変動し、収穫が低い時期もあったが、それでも国に安定をもたらした。２０１０年、重大な干ばつに見舞われて田園地帯で火事が多発し、小麦の収穫量は４２００万トンにまで落ち込んだ。国内の食料安全保障のため、ロシア政府は禁輸を決め、そのためロシア小麦を輸入するいくつかの国が小麦不足に陥った。たとえばエジプトでは同時期に大きな社会的・政治的な危機を抱えており、強権的なホスニー・ムバラク政権の崩壊につながった。ロシア政府の政治的決断、世界市場での小麦価格の高騰、パンを買えないことに対してエジプト国民がぶつける抗議運動による社会情勢の不安などのさまざまな要素を考慮すれば、当時の穀物の相互依存を理解するために、こうした諸問題を考慮に入れないのは問題だし、因果関係を過大評価してもならない。世界一の小麦輸入国であるエジプトは、国の構造的需要のためにロシアを注視している。当時はムスリム同胞団が政権を握っていたが、今後も、異常気象によりロシアの平原の収穫が再び減少すれば、エジプトの不安は2012年と同じになるのだ。

2014年からロシアの農業戦略は国際情勢の変転にともなって変化した。ロシアがウクライナの領土クリミア半島を軍事作戦で併合したことに対し、アメリカとEUはロシアを非難するために貿易制裁を実施した。これに対し、プーチンはアメリカとEUだけでなく、オーストラリア、カナダからの農産品や食品の禁輸措置で対抗した。現在でも有効なこの禁輸措置により、2つの影響が出ている。まずはロシア市場の閉鎖はヨーロッパの農業と関係部門を混乱させた。その結果、EU域内の競争が激しくなるとともに、ロシアといくつかの供給国（トルコ、中国、ブラジル、モロッコ、アルゼンチン）との間の農産品取引の新たな関係が発展した。第二に、禁輸のためにロシアは食料の自給自足を追求するようになり、畜産、酪農、園芸の必要性が高まった。これは数年で達成され、ロシアは穀物だけに依存しないよう、農業を多様化した。したがって、この禁輸措置はロシアの国内発展の火付け役になり、EU諸国の地位を弱体化させる結果になった。EU諸国は戦略的市場を失っただけでなく、手強いライバルと競争しなくてはならなくなった。[14] したがって、ロシアの公的補助金、科学、民間投資が農業を促進したように、欧米の制裁がロシアの農業を発展させた。こうしてロシアは国内農地からより多くの利益を引き出すことができるようになった。

ロシア政府にとっては、この2つの変化が、主権の進歩と国際政治における権力獲得の象徴となった。まず、長年赤字だった農業貿易収支が２０１８年以降、黒字になったことだ。２０００〜14年は農業の貿易赤字が年間１００億〜２００億ドルの間を推移していた。経済制裁の後は赤字が減少して輸出が急増したために逆転し、２０１８年以降は輸出額が年間２００億〜２５０億ドルに達した。その輸出量のうち50％は穀物だが、大量の海産物、油糧作物や鶏肉、豚肉などの肉類すら国際市場に放出している。農業部門はロシアの輸出全体でエネルギー、金属／鉱物よりも少ないが、武器に先立つ第3位につく。もう一つの変化は、ロシアが２０１６年に小麦の輸出で世界1位になり、１９３０年代以来トップの地位にあったライバルのアメリカを蹴落としたことだ。歴史をもっと長い目で見ると、それは回帰にすぎない。というのは、１９１７年の共産革命以前の19世紀半ば、ロシアは世界の小麦輸出の半分を占めていたからだ。21世紀になって、比較的古い国際的序列が復活したわけだ。ロシアの地はつねに世界の穀倉だったのだから……[15]。

こうしたロシアの農業・穀物生産力は世界で新たな同盟関係を築くことや、これまでロシアがほとんど参入していなかった市場に入り込むことに寄与した。ロシアの小麦は、カフカス地方で栽培されるイチゴ類と同様に、中近東に輸出される。ロシアの軍事支援はシリアのアサド政権を支えるのに貢献したが、２０１１年以来内戦の続くシリアに対するロシアの政策を明確にするためには、シリアへの穀物の流れの重要性にも触れなければならない。主要な買い手であるエジプト向けの輸出量は急増した。２０１０〜16年は平均で年間６５０万トンだったが、２０１６〜21年には年８００万トンになった。いずれにしろ、ロシアの小麦は次第に活躍の場を拡大してきた。地中海の南側では、武器輸出や傭兵部隊ワグネルの派遣とともにリビアに小麦を販売する。世界の主要小麦輸入国の一つであるアルジェリアにも参入しようとしており、フランスの小麦を追い出して、アルジェリアの食料供給を支配しようとしている。サハラ以南のアフリカでは、ロシア小麦の輸出は、とりわけエチオピア、スーダン、ナイジェリア、さらにケニア、南アフリカ、カメルーンで増加している。中央アジア（カザフスタン、アゼルバイジャン）や東南アジア（ヴェトナム、インドネシア、フィリピン）、バングラデシュにも大量の小麦を輸出している。ロシア小麦を大量に輸入する国には、イラン、イエメン、レバノンがあり、トルコも忘れてはならない。トルコは小麦を買って、パスタ類や小麦粉に加工して輸出する。２０１０年代初めから、トルコはエジプトと同じくらい重要な市場になった。この2国でロシアの小麦輸出の40％を占める。２０００〜21年の合計でロシアは12億５０００万トンの小麦を生産した。これはアメリカの12億２５００万トンをやや上回り、フランスの7億７０００万トンよりはるかに多い。輸出につ

21世紀始め以降のロシアの小麦輸出の推移（100万トン）

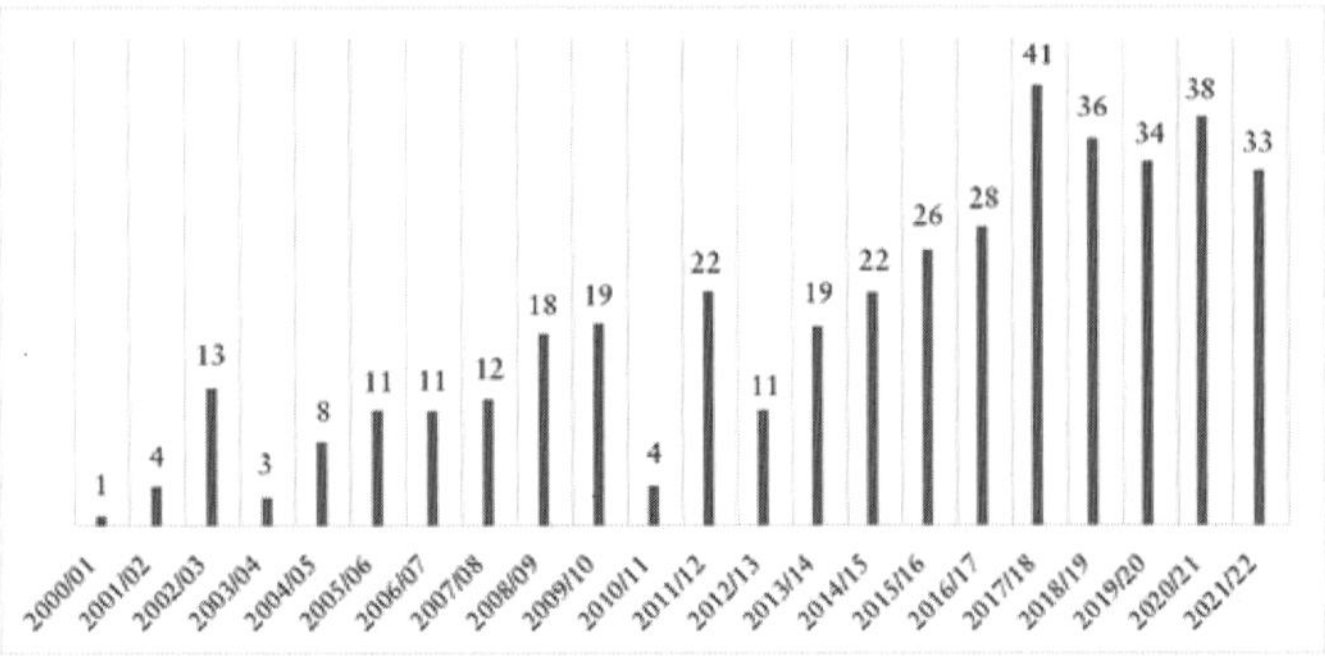

出典：USDA

いては、同期間にロシアは、収穫の約3分の1にあたる4億1400万トンを国際市場に流した。年とともにロシアは世界の小麦輸出量に占める割合を増し、2016年以降は16～23％となっている。言い換えると、今世紀初めから年が進むにつれて、世界で取引される小麦の量のなかでロシア産が増えているということだ。ロシアは小麦の輸出により年間100億ドルの収入を得る。かつてレーニンは「小麦は貨幣のなかの貨幣だった」と言ったそうだが、これは食料全般について言えることだが、小麦にはつねに価値があり、市場価格の変動と信用関係に応じてお金を失うこともあるという意味だ。ロシアは再びこの格言を賢く守りたいようだ。

ロシアの小麦生産能力は、政治的意思と農業に投じる資金に加え、地理的条件にも依存する。世界最大の国、ロシアは穀物栽培に適した土地を持つ。かの有名な黒土（ロシア語でチェルノーゼム）だ。長さ5000キロメートルにおよぶ広大な帯状の黒土地帯は、西はルーマニアに始まり、ウクライナ平原に広がり、ロシアのウラル山脈の南、それにカザフスタンの一部地域を含み、アルタイ山脈近くの西シベリアまで伸びる。ロシアは農地面積全体の15％にあたる3300万ヘクタールの黒土地帯を持つ。不適切な気候と水不足にもかかわらず、ロシアは農業と穀物生産を発展させるのに非常に肥沃な土地に頼ることができるのだ。ロシア政府はそれを知っているから、その潜在能力を活かすために黒海とカスピ海沿岸に農業投資がされているのは驚くべきことではない。このロシアの野心は、シベリアの耕作が地球温暖化によって有利になるだろうという長期的なヴィジョンに育まれている（第6章を参照）。さらに生産性はまだ最適レベルではないので、生産性を高めることによってロシアが小麦生産をさらに増やすこともできる。それに穀物生産に不可欠な化学肥料、つまり窒素化合物の製造に不可欠な天然ガス資源があることも生産性向上が期待できる理由だ。この点は、世界のかなりの小麦輸入国がロシアを重要視するという地政学的読みに関して重要だ。ロシアの小麦は近い将来、足りなくなるはずはないのだ。ロシアは農産物物流の骨組みを築くためにも自国の地理的条件を利用する。たとえば、黒海の港を近代化するのに大きな投資をしている。積荷容量が最も大きいノヴォロシースクの港のほかにも、ロストフ、トゥアプセ、そしてアゾフ海と黒海の間の戦略的ケルチ海峡にあるタマン、カフカスの港もある。最近では、小麦取引の戦略的管理で自国の自立性を高めるため、小麦取引の〝ロシア化〟が進んだ。政権と密接な関係があるロシアの主要銀行ＶＴＢの金融コングロマリットに属するデメトラ社は、こうしてロシアの穀物の主要な輸出会社になり、内陸部の膨大な穀物を黒海などの港湾施設に輸送する。このように、農産品、とくに穀物は国

今世紀初め以降の世界の小麦輸出におけるロシア小麦の割合の推移

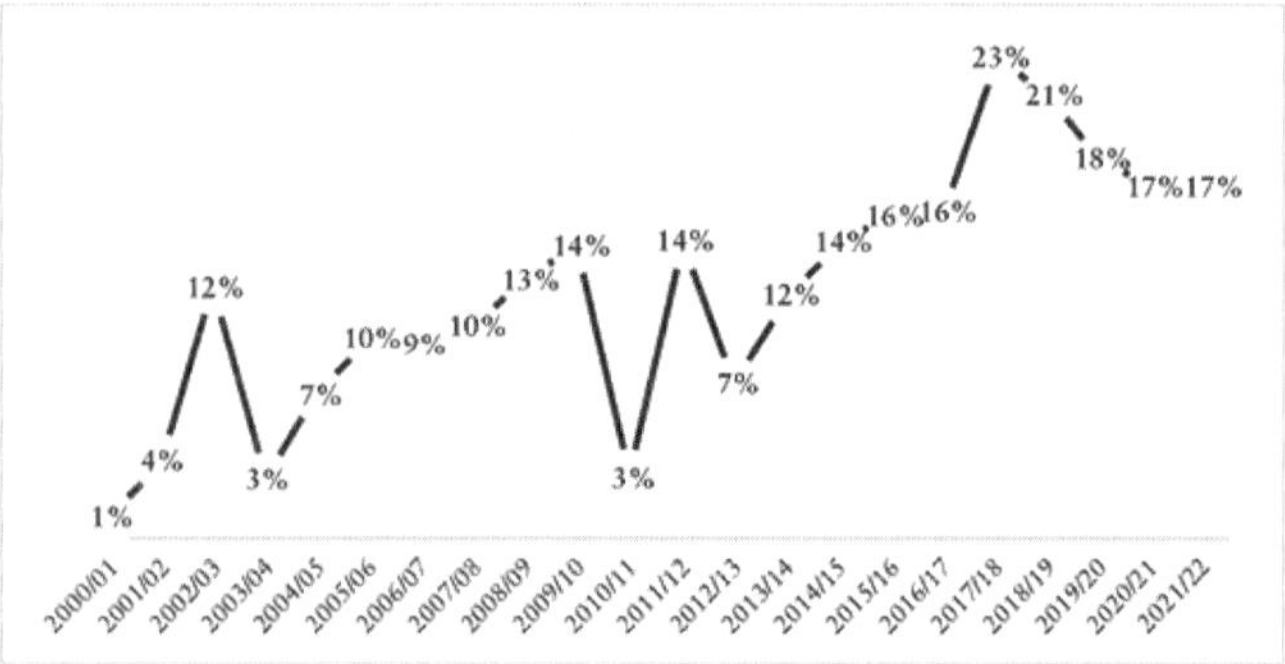

出典：USDA

内の安全保障およびロシアの求める国際的な影響力の中心にある。プーチンは国の農業を発展させる姿勢を公然と明らかにし、農産品を外交に利用しているのだ。その目的は明確だ。小麦で支配力を打ち立て、増大する世界の食料需要に対応することだ。

ウクライナ——愛国の麦畑

ロシアと同様に、ウクライナも今世紀初め、国を発展させ外に出ていくために農業と穀物生産に力を入れることを決めた。ヨーロッパ諸国が工業と第1次産業を少しずつ放棄していったように、ほかの国がよそを見ているときに、ウクライナはその選択をした。しかも、ヨーロッパでウクライナを自分たちの新たな生産地域にすることを躊躇する国はないだろう。この国の農業の潜在能力を理解し、歴代のウクライナ政権の呼びかけに応えようとしているからだ。欧州復興開発銀行（EBRD）の役割もここで強調する必要があるだろう。多国間銀行であるEBRDはウクライナとその将来的な農業力をつねに擁護してきた。こうした賭けに出るのは、ロシアと同様に黒土地帯があるからだ。ウクライナも農業栽培に非常に有利なチェルノーゼムが豊富だ。この地は過去にもしばしば渇望の的になった。都市国家アテナイが黒海沿岸の小麦の収穫のおかげで食料の安全保障を確保したように、この地は古代から多くの人々にとって糧をもたらす土地だった。スターリンが1932年から1933年にかけて政治的飢饉を組織的に作り出し、およそ500万人ものウクライナ人を死なせたという悲劇的事件もあった。スターリンの目的はウクライナの地を罰するためだけでなく、ソ連東部の大都市の労働者の食料と輸出のために小麦の収穫を奪取してウクライナの豊かな地を搾取することだった。そうすることで工業生産に必要な工作機械を買うことができたわけだ。ロシアの穀倉であるウクライナは抵抗し、農地の集約化に反対し、スターリンの怒りを買った。この事件は「飢えによる虐殺」を意味する「ホロドモール」と呼ばれる。この言葉は今日でも多くのウクライナ人家庭で口に上る。このような歴史の繰り返しは思い起こす必要がある。なぜなら、「ハートランド」と呼ばれるこの地に起きた悲劇や地政学的意図による事件の中心にウクライナが位置する傾向が見られるからだ。[16]

数年のうちに、ウクライナは世界の主要な農業生産地・輸出国になった。合計3000万ヘクタールの農地を持つ同国は、大規模農業により膨大な量の小麦、トウモロコシ、ヒマワリ、菜種、大麦、ライ麦などを供給できるようになった。それらの生産量は2021年で1億1000万トン、2010年の2倍だ！　この収穫の大部分は国際市場に回る。ウクライナは2021年の世界の農産物取引の5％を占める。ヒマワリ（用途は油と飼料用搾りかす）にいたっては、世界一の生産量（国際市場の3分の1）を誇り、世界一の輸出国（50％）である。同国の主要穀物トウモロコシは世界第5位の生産量で、アメリカ、ブラジル、アルゼンチンに次ぐ世界第4位の輸出国（3000万〜3500万トン）である。また、大麦と菜種では世界の全輸出量の平均15〜20％を占める。近年の平均で見ると、ウクライナの国内総生産の10〜15％は農業部門であり、雇用の20％、輸出額の3分の1を占める。輸出のほとんど（90〜95％）は、内陸部で収穫された穀物を貯蔵し、港湾施設のある黒海沿岸から旅立つ。ミコライウ、オデーサ、ピウデンヌィ（ユジネ）、チョルノモルスク、ベルジャーンシク、マリウポリだ。小麦についていうと、ウクライナの生産

2010/11 年から 2021/22 年までのロシア小麦の買い手の上位 10 ヶ国
（この期間の累積／単位：100 万トン）

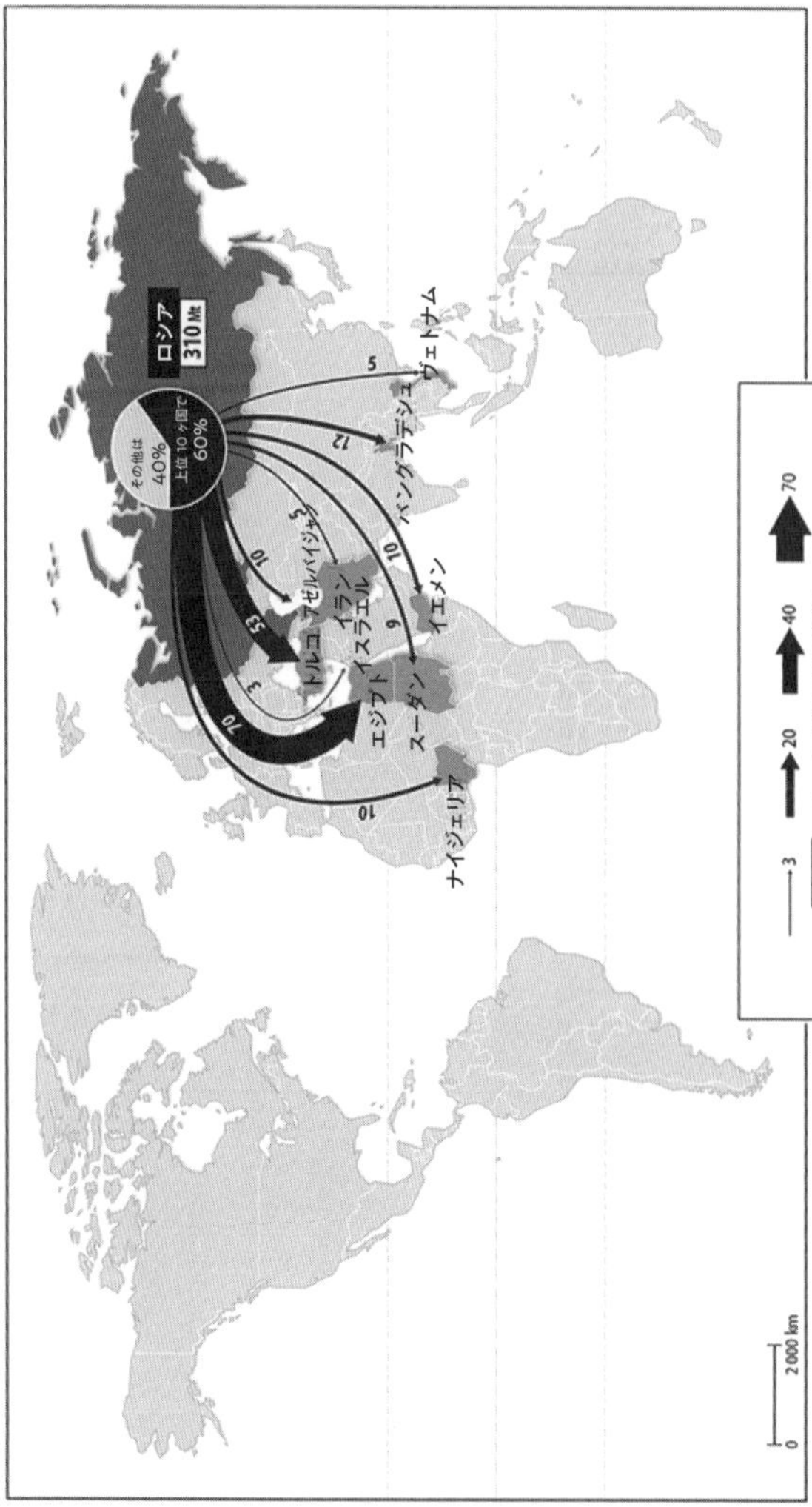

出典：Argus Media/Agritel のデータに基づいた著者による計算

高は増加している。2000年代では年間1500万〜2000万トンだったのが、2010年代では2500万トン、2021年には3300万トンになっている。したがって、ウクライナは自国内の消費に十分な上に世界市場に供給できるだけの小麦を生産する数少ない国の一つといえる。近年では生産量で世界第6位から8位、輸出量で第4位から5位にある。ウクライナは多数の国に輸出しているが、長年最大の輸入国だったエジプトに代わって、2010年代からはインドネシアがトップになった。その他の輸入国は主に地中海沿岸（トルコ、レバノン、チュニジア、モロッコ、リビア、イスラエル）とアジア（パキスタン、バングラデシュ、タイ、フィリピン、韓国）である。サウジアラビアとイエメンも近年はウクライナの小麦を輸入している。ウクライナは2000〜21年に4億6000万トンを生産し、うち2億1100万を輸出しているが、そのうちの60％は2015／16年のシーズン以降のものだ。ウクライナ産は2018〜21年に世界で取り引きされた小麦の量の10％を占める。しかも、ここ数年来、ウクライナで収穫された小麦のうち輸出される割合は増え続けており、生産量の半分以上を占めている。

ヒマワリとトウモロコシに加え、小麦の生産と世界の食料均衡への貢献はウクライナの誇りである。2014年の革命運動やロシアとの対立といった危機に見舞われたときに、ある種の持久力を可能にする経済的な切り札である。しかも、農業生産は国のアイデンティティーや愛国心にも貢献している。ウクライナの国旗が象徴するものについてよく議論される。国旗の下の黄色い帯はヒマワリとか、トウモロコシの実とかいう人もいるが、多くの人は小麦畑を象徴していると考える。種から農業機械、技術コンサルタント、物流にいたるまで農業関係の国際的大企業は近年、ウクライナに進出している。ウクライナ政府は農業の発展と輸出を活性化する要素になると考え、そうした企業の進出を促進している。国内的な視点から見ると、生産から港での積載に至るまで穀物部門で非常に活発なニブロンやカーネルのように、国内企業の重要性も高まっている。

穀物分野の協調と競争

ウクライナは、２０１４年のクリミア半島（小麦生産は年間１００万～２００万トン）の喪失によって、その穀物潜在力をロシアに奪われることになった。２０２２年２月にロシアがウクライナ侵攻を決めたとき、世界の農産品市場や農業ビジネスの専門家たちは当然、心配した。２つの穀物大国が戦争に突入したからだ。日常的な戦闘は主に分離派のドンバス地方で行われているにしても、ウクライナ政権を転覆させて同国の首都と全領土を奪い取ろうというロシアの意図により紛争

今世紀初め以降のウクライナ産小麦の輸出量の推移（100 万トン）

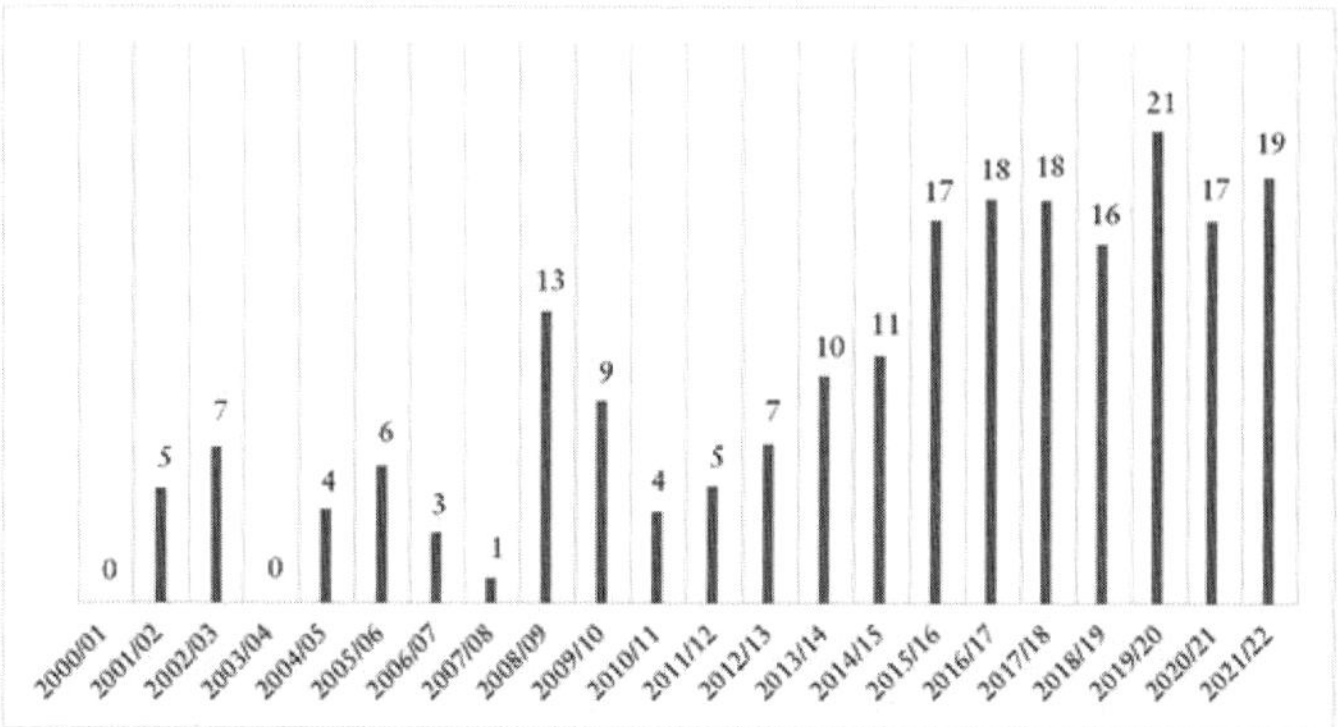

出典：USDA

2010/11 年から 2021/22 年のウクライナ小麦の輸入国の上位 10 ヶ国
（この期間の累計：100 万トン）

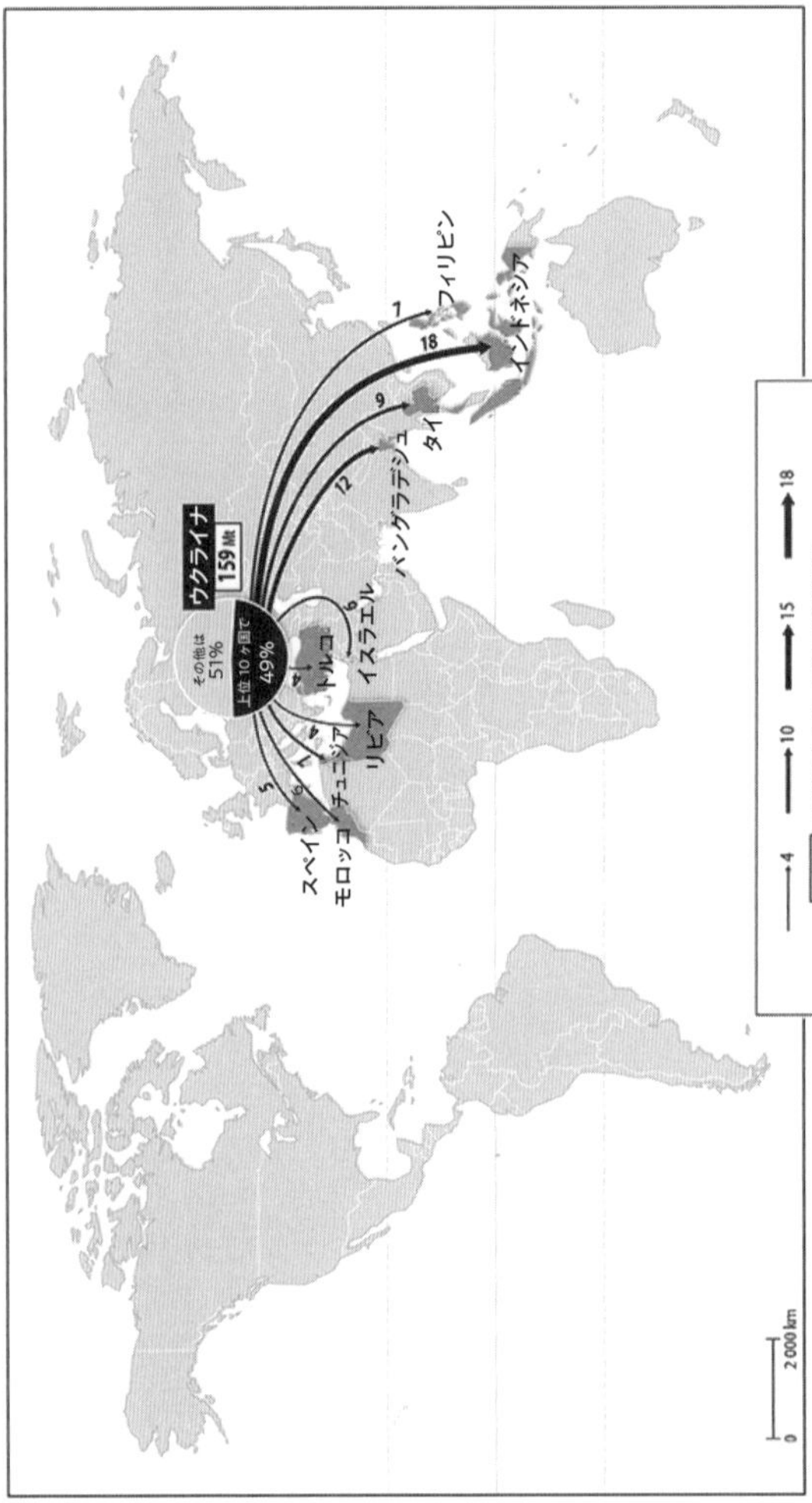

出典：Argus Media/Agritel のデータに基づいた著者による計算

は別の側面を見せている。この紛争に関するさまざまな動きについては後に詳しく述べるとして（第7章を参照）、ここでは地政学的観点からいくつかの点を挙げておこう。

第一の点は地図に表れている。ウクライナの小麦の60％はオデーサとハルキウ（ハリコフ）をつなぐ線を北限とする東部で収穫される。ルハーンシクとドネツクの分離主義派の2州は全生産の約10％をまかなう。次に、侵攻が進むにつれて、ロシアの戦略的意図がアゾフ海とその沿岸——マリウポリの戦いがそれを表す——とともに、ヘルソンから、爆撃を受けて狙われたミコライウ、そしてオデーサまでのウクライナの沿岸部全体の支配であることがわかった。こうした侵攻によって農業への被害、穀物商品の喪失、そしてまだ輸出されていなかった２０２１年に収穫された穀物の在庫の略奪が起きた。小麦だけでも、２０２２年3月のロシア侵攻の際に輸出を待っていた量は７００万トンと推定される。ウクライナでは２０２１年が豊作だったために、２０２１／22年シーズンの前半はこれまでにない量を記録していた。その結果、とりわけ農産品の輸出は黒海を通って行われるため、ウクライナは経済的な打撃を受けた。航海の自由を奪われ、農産物の物流をコントロールできなくなったため、ウクライナの輸出は即座に麻痺《まひ》した。穀物の市場価格は紛争が始まるとすぐに高騰した。その要因は、2つの穀物生産・輸出大国の紛争であること、穀物資源の破壊や略奪、海上商業ルートの封鎖である。そして、戦闘の泥沼化により、ウクライナの農業の状況、悪化するであろう２０２２年の収穫予想、ウクライナ産の穀物が世界市場に戻ってくる時期についての不安感と投機が強まっている。

そのことが第二の点である。世界中がこの紛争の食料安全保障に関する大陸間の影響について不安を抱いていることだ。新型コロナウイルスのパンデミック、一次産品の価格高騰、国際政治における各国の利己主義で状況はすでに悪化していたが、ウクライナ紛争はこうした不安をすべて倍加した。ここでも、地政学的観点から小麦を例にとると、ロシアとウクライナが世界の輸出量の30%を占め、世界人口の大きな部分の需要をカバーしていることを多くの人は認識した。2019年から2021年の平均をみると、ロシアとウクライナ産の小麦が需要の50%以上を占める国が27ヶ国もあるのだ。合計7億5000万人の人口を擁するこの27ヶ国はレバノン、エリトリア、ソマリア、コンゴ民主共和国、マダガスカル、エジプト、ベナン、コンゴ共和国、リビア、パキスタン、リベリア、ルワンダ、モーリタニア、セネガルなどだ。この依存度を30%に下げると、穀物の安全保障のかなりの部分をロシアとウクライナに頼る国々の人口は13億人に上る。そのため、2022年春に危惧が高まったとき、アントニオ・グテーレス国連事務総長は「飢餓の嵐」という脅威を声高に訴えたのだ。同様にウクライナのウォロディミル・ゼレンスキー大統領も、ウクライナ戦争が長引けばどれほど世界的な食料リスクが高まるかをスピーチのなかで繰り返し訴えている。大統領は自国がその農業と穀物によって世界の人々を養い、増え続ける需要――とりわけアフリカの――に応えていると強調するのをいとわない。

最後に、ここ何年かのうちに起きた状況の変化をいくつか挙げておくべきだろう。黒海地域の穀物生産の増加、ロシアとウクライナの穀物輸出の飛躍が21世紀初め以降、地経学の主要な変化であることはすでに述べた。ここで、黒海地帯のこの穀物力が、同地域の大国間で政治的な合同プロジェクトの対象になったことを思い起こすことは興味深い。ウクライナ危機の前、そして当

《タイムズ》紙ブック・オブ・ザ・イヤー選出！

アガサ・クリスティー

とらえどころのないミステリの女王

ルーシー・ワースリー／大友香奈子訳

全世界に読者をもつ巨匠アガサ・クリスティー。しかし彼女は職業を聞かれれば無職と答え、書類には主婦と記入した。当時の社会階層やジェンダーのルールにより、平凡なふりをして生きた20世紀の偉大な作家の一生に光を当てる。

四六判・3200円(税別) ISBN978-4-562-07362-7

世界を魅了するホームズ・ドラマ

シャーロック・ホームズとジェレミー・ブレット

モーリーン・ウィテカー／日暮雅通監修／高尾菜つこ訳

映像の世界でも愛され続ける名探偵ホームズ。数々の名作が存在するなか、決定版ともいえるホームズを演じたのがジェレミー・ブレットである。作品について本人・共演者・制作陣の言葉と、百点以上のカラー図版とともにたどる。

四六判・2700円(税別) ISBN978-4-562-07360-3

とことん調べたら予想以上に面白かった！

シャーロック・ホームズと見る ヴィクトリア朝英国の食卓と生活

関矢悦子

ヴィクトリア時代の「ハムエッグ」の驚くべき作り方、炭酸水製造器って何？ ほんとうは何を食べていたの？ といった食生活の真相からクラス別の収入と生活の違い、下宿屋、パブの利用法から教育事情も、「ホームズと一緒に」調べてみました。2014年3月刊の新装版。

A5判・2400円(税別) ISBN978-4-562-07376-4

進化を遂げる「本格ミステリ」1年間のすべて！

2024本格ミステリ・ベスト10

探偵小説研究会編著

気鋭からベテランまで話題作揃いのランキングをはじめ、新作『鵼の碑』が話題の京極夏彦、予測不能の俊英・方丈貴恵の2大インタビュー、特集は「暗号ミステリの愉しみ」。今年も情報満載でお届けします！

A5判・1000円(税別) ISBN978-4-562-07374-0

人間関係と運命の神秘をひもとく

鏡リュウジの占星術の教科書Ⅱ 第2版

相性と未来を知る編

鏡リュウジ

鏡リュウジ流の西洋占星術のメソッドを基礎から徹底解説する第2巻。代表的な占星術ポータルサイトを使用し、ホロスコープに表れる相性と未来予想の読み解き方を詳解。シナストリー、トランジットが初歩からわかる。2018年12月刊のリニューアル版。

A5判・2300円（税別） ISBN978-4-562-07382-5

古今東西の水の神を網羅した決定版

［図説］世界の水の神話伝説百科

ヴェロニカ・ストラング／角敦子訳

いつの時代でもどんな場所でも、人類は水を必要としてきた。それゆえに水は、神、精霊、守護者などさまざまな形で表現されている。恵みをもたらすものとして敬愛され、命を奪うものとして恐れられてきた水と人の関わりに迫る。

A5判・4800円（税別） ISBN978-4-562-07363-4

お尻はなぜ人々を魅了するのか

お尻の文化誌

人種、ファッション、科学、フィットネス、大衆文化

ヘザー・ラドケ／甲斐理恵子訳

女性のお尻は世の男性にどのように見られてきたのか。ホモ・エレクトスの骨格から、理想のお尻、服飾や流行、広告やメディアに見るお尻、エアロビクス・ブームやダンス・カルチャーまで、多様で豊かなお尻の意味を検証する。

A5判・3800円（税別） ISBN978-4-562-07366-5

深海の遺物が明かす魅惑の物語

沈没船からみる世界の歴史

アラン・G・ジェイミソン／柴田譲治訳

深海に眠る大きなタイムカプセル、沈没船。近年、技術の進化に支えられた発見が相次ぎ、歴史に新たな光を当てている。交易船、豪華客船、軍艦、巨大タンカーなど、なにもかもを飲み込む広大な海から、人類の歴史の一滴を探る。

A5判・3800円（税別） ISBN978-4-562-07361-0

時のウクライナ政府がEUとの協力協定に署名しないことを決める前の2013年10月、世界情勢にコメントする多くの人の注意は引かなかったが、穀物市場に注視する人々の間では話題になった、ある発表があった。それは、ロシアとウクライナの首相が翌2014年春から、当初はカザフスタンも含めて黒海の「穀物プール」［穀物の備蓄と販売ルートを一貫管理する機関］を設置することに合意した発表だ。その目的は、買い手に対する3国のオファーを改善するために、世界の穀物取引においてこの3国が協力して影響力を強めること、「黒海産」の穀物の価格のばらつきを少なくすることだ。もう一つの目的は、外国の投資を促進し、農業を発展させ、ひいては世界の農産品により大きな影響力を持つことだ。しかも、この穀物プールは、生産の補完性を高め、世界の買い手に提案する穀物の品質を高めることに貢献する。したがって、この3国は3国間の競争を制限し、アメリカ、ヨーロッパ、オーストラリアに対する競争力を高めつつ、穀物の輸出を管理することを主な役目とする機関を設立することを決めた。この構想――2000年代初めから何度か言及されてきた――の発表は世界の農業界で大きな話題となった。この3国の穀物の力は現実のもので、世界市場での3国のプレゼンスは重大なものになりつつあったからだ。ウクライナ国内における政治情勢やウクライナ＝ロシア間の危機によって「小麦版ＯＰＥＣ」とも呼ばれる穀物プールの構想はかすんでしまったが、現在のウクライナ政権が言うように将来がEUのほうに向くのではないとしたら、この計画を頭の隅に置いておくべきだろう。

＊＊＊

ロシアはウクライナを自分のふところに置いておきたい。ロシアにとっては、ウクライナがEUに接近して加盟国になるのは受け入れがたい。では、ウクライナはどうなるのか？　分裂して領土の一部はロシアの手に落ちるのだろうか？　ウクライナの小麦生産地が主に東部にあることから考えると、同国の穀物力にどのような影響が出るのだろうか？　以前にロシアが推進した黒海の穀物プール構想はどうなるのだろうか？　このプールは、たとえばロシア＝トルコ関係が緊密化してきたら、注視すべきテーマなのだろうか？　そうなると、アメリカは何をすることができるだろうか？　黒海沿岸の国々を反ロシアで団結させるために介入し、外交や安全保障の言葉を使って――アメリカはそれをする能力がある――現地の穀物を共通の市場に流すよう組織するのだろうか？　EUはどうするのか？　EUはウクライナを追加の農業力としてEUのために利用するのだろうか、あるいは民主主義と自由を守ることだけを目指して、そうした経済面は脇におくのだろうか？　歴史は繰り返すというが、世界の穀倉では、同様の地政学的背景において歴史は繰り返されなかった。こうしている間にも、世界の多くの地域は高まる食料安全保障面の脆弱さに直面し、ますます国際市場で小麦を確保しなければならない。

第5章

小麦需要が高まる地域——強制、依存、渇望

地球には小麦に関してはっきりと区別される地域的特性がある。まず、消費方法が大陸によって異なる。供給できる地域も一様ではない。前章では、小麦生産の地理的不均衡が激しいことも見てきた。この差異によって、ある国々の農業開発に関する選択肢が説明できるだけでなく、外交戦略や貿易政策の説明もできる。世界のいくつかの地域では小麦の入手が次第に難しくなっている。生産が需要に追いつかないからだ。この状況は、ある国々では基本的食料である小麦の多くが輸入されているために問題になっている。国際市場への依存は、財政的・政治的に解決すべき経済的、社会的な問題をともなう。人口が多いあるいは急増する多くの国では、食料の安全保障を確保するために毎年達成しなければならない小麦の生産量は強迫観念にすらなるのである。

本章では、南米、アジア、北アフリカ、中東といった地域の「小麦への渇望」に焦点を当てて世界をめぐってみることにしよう。こうした地域には膨大な人口を抱える国や大国もあってさまざまだが、国民を養い、国際市場で対処するという同じ戦略的懸念を抱いている点は共通している。

南アメリカ——小麦の不運

農業の地政学的課題を扱うとき、南米を抜きにはできない。広大な空間を持つ南米では、いくつかの国が開発戦略の中心に農業部門を据えている。大豆、トウモロコシ、大麦、綿、砂糖、コーヒー、エタノール、タバコ、革、オレンジジュース、パパイヤ、鶏肉、牛肉など多くの農業市場で重要な存在だ。たとえば、ブラジルは世界の農産品輸出国の上位に入っており、2000年から2020年にかけて輸出額を増やしている。2020年は1200億ドルの輸出額で、ブラジルだけで世界の農産品輸出額の8％を占めた。輸出量では1億8500万トンで、世界の農産品取引の12％を占め、2000年代初めの6倍になった。

しかしながら、小麦は、ブラジルでも南米全体でも、耕作穀物の上位には入らない。2018～22年の平均で見ると、南米はトウモロコシの生産が年間1億7000万トンに対して、小麦は3000万トンだ。これはフランスの年間平均生産量よりも少ない。南米は、世界の大豆生産の55％、トウモロコシの15％を占めているが、小麦では4％にすぎない。ブラジルだけに限ると数字はもっと顕著だ。大豆では世界生産の35％、輸出の50％を占め、トウモロコシは世界生産の10％、輸出の20％を占めるが、小麦では世界生産の1％にも満たない。南米産の大豆、トウモロコシやほかの農産物が大量に世界中に輸出されているのに対して、小麦は年間で平均1500万トン輸入しているのだ。世界の農場の一つとみなされている南米のこの状況は、土壌気候的そして政治的・経済的な要因で説明できる。

困難な耕作条件

南米の多くの地域は赤道地帯か熱帯地帯にある。小麦はたとえ冬季に栽培されても、暑さと湿気に成長を抑えられ、害虫や病気の発生に悩まされる。たとえば、小麦とその生産性に壊滅的な被害を及ぼしうるカビによって起こるサビ病――1950年代のアメリカでも発生した――はとりわけ熱帯地域に発生する。そういう条件のもとでは、伝統的にトウモロコシのほうがよく栽培される。小麦がヨーロッパ・地中海地域文明の作物であるように、トウモロコシは先コロンブス期の文明の発展に貢献した。「マヤ」という言葉自体がトウモロコシを意味するように、マヤ文明の社会におけるトウモロコシの地位を象徴している。今日でもトウモロコシは南米経済の中心的位置を占めている。2016～21年にアルゼンチンは累計で1億5000万トン、ブラジルは1億4300万トンと、世界のトウモロコシ輸出国の第2位と3位だ。小麦は、馬、牛、羊、サトウキビ、茶、コーヒーといった数多くの動物や植物と同様に、ヨーロッパ人によって南米にもたらされたものだ。クリストファー・コロンブスは15世紀末の新大陸への航海の際に、標高2000～3000メートルの土地で栽培される可能性のある種を持ち込んだ。それより少しあとで、ヴェネチア商人がアルゼンチンにヨーロッパ種の小麦を植えつけた。収穫は難しく地域も非常に限られていた。それは、とりわけ南回帰線より南、つまり現在のウルグアイ、アルゼンチン、チリ南部に相当する地域だ。

南米は地理的に広大なため、農地と世界市場を結びつける物流インフラの課題も解決しなければばならない。この問題は、港――大西洋側と太平洋側――からますます遠くなる農地の開発と、輸出できる穀物量の増加により年々大きくなる。南米の「農場」は最適化された強固なインフラができれば、もっと発展するだろう。それは、中国が、2つの大洋を結ぶルートの開発支援や、一帯一路政策の一環で約束した投資によって2010年代に促進しようとしたことなのだ。[1] ブラジルはとくにこうした国内輸送や港（サントス、リオグランデ、パラナグア）のインフラ不足に直面しているが、ここでは南米大陸で唯一の小麦輸出国であるアルゼンチンのほうが重要である。ロサリオを筆頭にラプラタ川の河岸が比較的よく整備されているが、農産品の物流システムは、輸出量が断然多いトウモロコシや大豆（穀物、搾りかす、油として使用）に適合している。しかも、アルゼンチン産小麦の輸出はほかの穀物の輸出とはまったく反対の季節なのだ。

チリとブラジル――試みの失敗

チリの18世紀は「小麦の世紀」だった。ヨーロッパから大きな影響を受けたチリは、小麦生産が非常に発展し、1687年からはペルーに輸出さえした。事実、地震とサビ病の蔓延《まんえん》でペルーの小麦生産が激減した一方で、アンデス山脈の鉱山開発はまだ最盛期で労働者は腹をすかせていた。第2の輸出ブームは19世紀半ばのカリフォルニアのゴールドラッシュのときだ。多数の大型帆船「クリッパー」（もともとはアメリカの東海岸で造られた）が小麦を積んでアメリカの西海岸に向かった。しかし、アメリカ国内での小麦生産が急速に発展し、北米の大国になるアメリカへのチリ産小麦の輸出は終わりを告げた。チリ産小麦の輸出はパルパライソ港からオーストラリアにも及んだ。オーストラリアは経済発展のために食料需要が高まっていたからだ。ところが、アメリカやカナダと同様に、オーストラリアも18世紀末以降は小麦栽培が躍進し、外国からの輸入は少なくなり、やがてなくなった。その後、チリ産小麦は19世紀には英国市場に流れたが、それも次第に消えていき、チリは20世紀以降は次第にはっきりと輸入国に変わっていった。

南米の半分の面積と人口を擁するブラジルは、南米の小麦の不運を代表するもう一つのケースである。ブラジルは砂糖、大豆、トウモロコシの輸出大国であるが、世界の小麦の輸入大国の一つでもある(ここ数年来、平均で年間700万トン輸入)。南米のほかの国々と同様に、ブラジルも16世紀に最初のヨーロッパ人が植民するとすぐに、南部を中心に小麦が栽培された。1930年まではブラジルの小麦生産は国内市場の需要を完全に充足することはなかった。1929年の世界恐慌と一次産品の価格の相次ぐ下落により、ブラジルは国内市場に再び集中して輸入を国内生産でまかなうことにした。最南部の地域で小麦の栽培を発展させるために、試験栽培場の設置、1938年からは最低価格の保証などのいくつかの方策がとられた。しかし、大きく発展はしなかった。1960年代初め、ブラジルの小麦生産は30万トン以下だった。1970年代からは200万トンを超えたものの、今日でも500万~600万トンにとどまる。これほど広大で農業に力を注いでいる国にしてはあまりに少ない。これは、生産者に最低価格を保証し、消費者価格や市場を国が管理するインセンティブ政策がなかったからではない。1930~90年に実施されたこの政策は、汚職、国内市場の需要に適応しない小麦の品質、国内製粉業の肥大化、不十分な収穫、増加し続ける輸入、膨大な財政コストといった結果に終わった。こうして、1980

年代からブラジル政府がとった経済自由化の動きによって小麦産業が縮小していったのはあまり驚くべきことではないだろう。こうして小麦生産は減少して1990年にはわずか330万トンとなり、1980年代末よりも200万トン減少した。

ブラジル政府の戦略はシンプルで、他国と比較して有利な点を利用するという意味でまったくリカルド的である［英経済学者デヴィッド・リカルドは比較優位に立つ産物を重点的に輸出することで高い利益を得られるとした］。言い換えれば、小麦を輸入するために、トウモロコシや大豆をより多く生産して売るということだ。この理屈は中国市場の開放で変化を遂げた世界情勢から引き出されたものだ。中国は膨大な食料需要があるため、大豆、そしてトウモロコシの輸入大国になった。ブラジルはその2つの産物の生産能力が高いため、中国と優先的な関係を結ぶことになる。その上、地域的な統合戦略が1980年代半ばから進み、1995年12月にメルコスール（南米南部共同市場）が実質的に発効した。この協定はブラジル、アルゼンチン、パラグアイ、ウルグアイの間で締結され、なかでも小麦については域外向けの関税を共通の10％にすることで取引を自由化するものだった。また、アルゼンチンが地域内の小麦の均衡を握るカギになることで、地域内の補完性を目指す。ブラジルの小麦業界は1990年代初めから再編されたが、国内の小麦自給率は50％に達することは稀だ。小麦の消費は、経済成長と中流階級の発展、人口の都市集中により、2000年から2015年にかけて急増し、年間800万トンから1200万トンに達した。増加の動きはそれ以降ストップし、ブラジルの小麦の消費量は現在は安定している。

アルゼンチン――ミッシングリンク

アルゼンチンの国土の大部分は温帯にあり、小麦の栽培に適している。イタリア人を中心とする欧州移民が多かったためにヨーロッパとは特別な関係にあるアルゼンチンは、19世紀後半から地理的メリットを生かすために社会人口学的な変化を利用してきた。ヨーロッパ移民のなかでも、小麦栽培について知識のある農業従事者は多かった。そのことにはパンを食べる習慣も含まれ、国内の小麦消費を押し上げた。こうした需要の高まりは、土壌気候的な本来の条件に促されて国内の小麦生産を大いに発展させた。

広大な小麦耕作地に加え、生産構造も少しずつ競争力をつけていった。世界でも大手の穀物商社ブンゲ（当時はブンゲ・イ・ボーン）は早くから目をつけていた。オランダ・アルゼンチン資本の同社は土地を買い、製粉所に投資し、アルゼンチンの小麦業界の代表的な企業になっていく。１９１０年、ブンゲは同国の小麦と小麦粉の輸出の80％近くを占める独占的地位を確立していた。19世紀末頃から、アルゼンチンは世界の主な小麦輸出国になった。強大な農産物企業を中心に小麦産業が躍進したことで、政府は取るべき統治方式を早くから問われた。１９４６年、当時のペロン政権は、小麦の購入と輸出を集中化する任務を負う政府機関「アルゼンチン貿易促進院（ＩＡＰＩ）」を創設し、この部門を統制しようとした。その目的はインフレを抑制し、生産者により高い価格を保証し、小麦産業の利益が強力な私企業に吸い取られないようにすることだった。この政策の結果は芳《かんば》しくなかった。第二次世界大戦後の穀物価格の低下により国の赤字がかなり大きくなったために、１９５５年にＩＡＰＩは廃止された。すでにその時代に、小麦部門の発展戦略の方向性には明確に先送りの姿勢が見られたのである。

アルゼンチンは20世紀末までは平均で年間800万〜1100万トンを市場に放出する輸出大国の一つだったが、小麦業界は2001年に同国を襲った経済危機の影響をもろに浴びた。この危機は政府が小麦業界に介入する機会を与え、業界の働きはますます混乱した。2002年からは、膨張する赤字を抱える国家財政の立て直しに貢献するため、小麦に輸出税が導入された。当初は従価税［取引価格を基準に税率が定められる租税］10％だったが、年々上がっていった。国の介入は次第に顕著になり、輸出禁止、国内業界の再編、輸出ライセンスの管理など、抑圧的になっていった。ペロン主義的な統制が表面に出てきて、インフレ抑制や、生産者からだまし取る民間企業との闘いという意図が表れてきた。

こうして、アルゼンチン小麦は苦しい時代に入った。生産者は苦しみ、抗議した。2008年には政府を後退させようとする抗議運動さえ起きた。こうした困難な状況のなか、小麦生産の劣悪な統制の影響が出てきた。農業生産者、とくに小麦の生産者には安定性と長期的な展望が必要だ。そうした促進的な枠組みがないために、アルゼンチンは弱体化した。今ではとりわけ大豆、そしてトウモロコシ、大麦への転換が進んでいる。そこでは農業活動における政府の輸出規制政策が少ないからだ。ここで、農産品はアルゼンチンの輸出全体の半分を占めること、そのために国の経済において重要な役割を担っていることを強調しておくべきだろう。

このように、小麦は調整弁ともなることがあり、国の政治に翻弄された。政権交代によりしばしば農業政策が突然変わり、農業部門との関係や統制の問題が繰り返し浮上した。アルゼンチンの小麦の耕作面積は1990年から2010年のあいだ、平均で500万～600万ヘクタールだった。その後、約400万ヘクタールに下がり、近年になって再び上昇し、現在は600万ヘクタール前後である。生産性は3トン／ヘクタールと低いままだ。とりわけ、気象条件の変動と頻繁に変わる輸出規則政策により、近年のアルゼンチンの生産面、貿易面のパフォーマンスはまったく不安定だ。そうはいっても、2015年以降はある程度の安定性が見られ、国際市場に1000万トンの小麦を売り、世界の輸出大国の一つになっている。主な買い手はまずブラジルで、アルゼンチンの輸出の平均40％を占め、次いで20％を占めるインドネシア、それ以外は量も少なく年によって変わって隣国（チリ、ボリビア）、アジア（タイ、ヴェトナム、バングラデシュ）、アフリカ（エチオピア、ケニア、ナイジェリア）である。

2021年には2200万トンという収穫を記録しているが、アルゼンチンも気候変動を免れることはできず、2022年には大規模な干ばつを経験した。生産量が減ったために輸出量も減った。そのため隣国ブラジルはアメリカやロシアからの購入を増やさざるを得なかった。ルーラが3度目の大統領に就任したブラジル政府は、小麦生産を強化するために遺伝子組み換え技術に目を向け、外的なリスクを減らそうという姿勢になった。この考え方はアルゼンチンがすでに着手した軌跡をたどっている。アルゼンチンは遺伝子組み換えのトウモロコシと大豆をすでに導入しており、2020年に遺伝子組み換え小麦の栽培を、2022年にはその販売を許可した世界初の国である。干ばつに強いHB4と呼ばれる小麦は同国のビオセレス社とフランスの種苗会社フロリモン・デプレが共同で開発したもので、アルゼンチンの生産性の維持および国際市場に

2000 〜 21年のアルゼンチンの小麦生産量と輸出量の推移

年	生産（100万トン）	輸出（100万トン）	輸出額（10億米ドル）
2000	15.5	11	1.2
2001	16.1	12	1.3
2002	15.4	6	1.1
2003	12.4	7	0.9
2004	14.7	14	1.4
2005	16.1	8	1.3
2006	12.7	12	0.5
2007	14.7	10	2
2008	16.5	9	2.6
2009	8.5	5	1
2010	9.1	8	0.9
2011	16.1	12	2.5
2012	14.7	7	2.9
2013	8.1	2	0.7
2014	9.2	5	0.6
2015	13.9	10	1
2016	11.3	14	1.9
2017	18.4	13	2.4
2018	18.5	13	2.4
2019	19.5	14	2.3
2020	17.6	11	2
2021	22.1	14	2.6

出展：FAO、 USDA

おける小麦供給に同国が果たす役割を実現できる手段として期待されている。[1] 現在のところ、ブラジル、コロンビア、オーストラリア、ニュージーランドだけがHB4小麦由来の小麦粉の輸入を許可している。遺伝子組み換え小麦は多くの議論を巻き起こしているが、アルゼンチンの農業相は2022年5月、小麦の生産を2020年代のあいだ安定的に2500万トン確保し、年間1500万トン以上を輸出するという目標を示してHB4小麦導入を擁護した。この政策によりアルゼンチンは世界の小麦輸出量全体の7〜8%を維持できるというのが、政府機関や生産者、小麦業界の企業を説得する議論のカギとなった。こうした見通しは第一にブラジルを安心させる。メルコスール協定で言外に表現された、こうした地域補完性は戦略地政学のレベルで理解されるべきだ。アルゼンチンの小麦は少ししか生産しないブラジル（近い将来、この傾向を覆す能力と意思があるか否かは別にして）を養うことができ、さらに約600万トンに上る国内消費もまかなうことができるということだ。

南米に飢餓がもどってきた

21世紀の初期は、南米はある程度の活気ある経済と国民の購買力の漸進的な向上が見られた。多くの住民が貧困から抜け出し、より多くのモノやサービス、食料安全保障に手が届くようになった。2000年代にルーラ大統領によって推進された「飢餓ゼロ計画」

に代表されるブラジルの例は典型的だ。その後、経済危機、新型コロナウイルス危機が続き、世界で最も貧富の差が激しい地域の一つといわれる南米社会は弱体化し、[2]状況は悪化した。2015年に1500万人にまで減少した飢餓人口は南米人口の8%にあたる3500万人に増えた。中程度の食料不安に陥っている人の割合は2015年では20%だったのが、2021年には40%となり、この比較的短い期間に1億人も増えたことになる。国連は、金融・エネルギー危機と組み合わさった食料事情——2020年代にさらに地域の活力を困難にするだろう——に強い懸念を示した。2022年11月に3度目の大統領就任を果たしたルーラは、再び飢餓問題をブラジルの政策の優先課題にした。

小麦の需要が増すアジア

ここ数十年、アジアは、人口の多さと、しばしば自然を顧みない急激な経済成長から、食料の安全保障問題であらゆる危惧を集めている。とくに中国は20世紀末以降、注目されている。[3]今日でも問題はあまり変わっていない。もっとも、中国が展開する戦略と、飢餓が持続する特殊なケースのインドと、小麦の消費量が増加する東南アジアの市場の変化とは区別しなければならないが……。アジアは食生活においてコメが支配的な大陸であることは変わらないものの、中国とインドは小麦の世界生産で第1位と2位である。

この「小麦への渇望」は、この2つの大国にとって、それぞれ14億人という膨大な人口を養うという強迫観念に基づく。だが、ほかのアジア諸国も現在、世界で最も人口の多い20ヶ国に含まれていることに言及すべきだろう。そこには4位のインドネシア（2億8000万人）、5位のパキスタン（2億3000万人）、8位のバングラデシュ（1億7000万人）、11位の日本（1億2500万人）、13位のフィリピン（1億1500万人）、15位のヴェトナム（1億人）、20位のタイ（7000万人）がおり、この7ヶ国の人口を足すと11億人になる。ここに中国とインドを加えれば、10ヶ国に満たない国々の合計はおよそ40億人という膨大な人口になる。比較すると、EUの人口は27ヶ国の加盟国全部で4億5000万人だから、インドネシアは今日、EUの半分の人口を有していることになる。2030年には5億人の大台に乗るとされる、フィリピン、タイ、ヴェトナムの3国の合計人口よりEUの人口は少なくなるだろう。

中国は穀物の安全から不安に向かうのか？

中国の小麦生産量は2000年代の9000万～1億1000万トンから、その後少しずつ増加してきた。2016年から2021年の年間平均は1億3500万トンとなり、耕作面積はおよそ2300万ヘクタール。これは世界生産量の17%、耕作面積では10%にあたる。20世紀半ば以降の生産性の向上は目をみはるものがあり、[4]これにより大量の小麦を国内で生産できるようになった。中国の為政者はつねに国内の食料安全保障を気にかけてきたのだが、それでも毛沢東が推進した「大躍進政策」は1958～62年に推定3000万人近い犠牲者を出すひどい飢饉を引き起こした。事実、食料不足は中国の歴史につきまとってきた。しかしながら、中国は過去の悲劇から、この脅威に立ち向かおうとし、栄養不足と闘い、さらにここ50年ほどで国力の奇跡的な発展に至ったことは認めなければならない。1億5000万人の中国人が1990年以降は飢餓から抜け出し、当時の人口の20％が栄養不足だったのが、今日では8％に下がっている。

世界一の経済大国に（再び）なろうという熱望が、中国の近年の経済発展の主な原動力だろう。2000～10年の世界の戦略的動向を特徴づけるのに「中国のグローバル化」[5]という言葉で表現されるのがふさわしいほどだ。この世界的なプロセスは、策略家であると同時に貪欲に征服を目指す中国とともに世界の農業・食料関係に浸透していった。策略家というのは、中国は強い国内農業なしには強い中国はあり得ないことを認識しつつ、穀物を最高位に置くよう留意しているからだ。15億人に近い人口を食べさせるためには、中国政府は量的な面だけでなく、質の面でも――中流階級の発展（2020年で人口の半分）により安全な食料品の需要が自動的に高まるから――食料安全保障の条件を整える必要があった。政府の政策は戦略的な食料の自給自足を推奨し、とりわけ穀物の需要を国内生産でまかなう割合を95％にする目標を掲げた。穀物生産者の意欲を高めるために、直接支援、補助金、小麦価格の保証によって生産が奨励された。共産党が毎年その年の国の最優先事項を公表する文書のほとんどが農業の発展を推奨している。もちろん、この戦略は内陸部と南東部の都市化された海岸部の発展格差が大きくならないように農村部の生活条件を向上させるようなより幅広い戦略にも含まれる。

しかしながら、中国は、国内の生産だけでは国内需要をカバーできないため、食料安全保障を国際化することを余儀なくされた。中国政府は水、土地、環境面の限界からよりよい均衡を模索すべきと考えたのだ。その結果、２０１０年代半ばに中国は地域的な環境問題を軽減させるために農業の生産性を減速させ、必然的帰結として国内で不足する量を国際市場に求めるようになった。そのため、一帯一路政策における農業・食料関係の要素が、物流関係への投資、各種基準に関する規則、デジタル革新のレベルで少しずつ明らかにされた。中国は増加する農業生産にもかかわらず、農産品や食料品の輸入大国になり、この部門の貿易収支の赤字は増えている。その輸入額は２０００年の２００億ドルから２０２０年は１７００億ドルに膨らんだ。２０２０年は新型コロナウイルスのパンデミックにもかかわらず、中国は穀物４５００万トンを含む2億３０００万トンの農産品・食料品を輸入した。この量は記録的な数字だ。なかでもトウモロコシがよく話題に上るが、小麦も例外ではない。中国の小麦輸入は確実に増え続けており、再び年間１０００万トンの大台を超えた（１９８０〜95年にかけて、中国は国際市場で１０００万トン以上の小麦を買っていた。とくに１９８７、１９８８、１９９１年は１５００万トンのピークに達した。２０１０年から２０１９年の間は平均で年５００万トンに下がっていた）。この数字は象徴的だ。１０００万トンを超えるのはエジプトとインドネシアだけであるし、とりわけ中国は２０００〜10年代は平均でそれよりずっと少ない輸入量だったからだ。別の言い方をすれば、中国が21世紀に入ってから国際市場から買った小麦の50％は２０１６〜21年に買ったものなのだ。この量は世界的均衡から見ると無視できないものである（世界の輸入量全体の５％）が、この１０００万トンは中国の小麦の消費量の７％にすぎない。つまり、中国はほとんどを国内生産でまかなっているのである。

ここでまとめてみると、中国は大量の小麦を生産している。しかも現在は、20世紀よりもずっと多く生産している。しかし、消費量も現在、年間1億4000万トンと膨大だ。この数字は1970年代終わり、つまり経済改革の初めに比べると2倍にあたる。そのうち1億トンあまりが食用、3000万トンは飼料用（独特の性質を持った飼料用小麦）である。したがって、中国は国内生産を補完するために外国から輸入しなくてはならない。中国の国土が自然の能力を失いつつあり、多数の汚染に苦しんでいることを考えると、[6]将来はどうなるのだろうか？　自給自足の能力自体が確実でなくなっている上、中国の耕作可能な面積は次第に少なくなっている。国民一人につき世界の平均値の0・24ヘクタールに対して、0・09ヘクタールである。別の言い方をすれば、世界の耕作に適した土地の8％が中国にあるが、世界の人口の18％が中国にある。とくに東北部の砂漠化が加速している。この砂漠化は華北にある中国の穀物栽培の潜在能力を圧迫しているのだ。今では全土の60％を占める都市化のため、土地のコンクリート化が耕作に適した土地を犠牲にして進んでいる。それらを合わせると、中国はこの20年間に1000万ヘクタールの農地を失った。水不足や干ばつも農業の発展継続の障害となるため、食料の外国への依存リスクは高まることが予想される。[7]

ここで、農業関係の統計を、よりグローバルな戦略地政学的傾向とともに見通してみる必要があるだろう。つい最近の傾向では、中国のグローバル化は以前より明確でない。中国はパンデミック（コロナウイルスだけでなく、アフリカ豚熱も）に襲われ、外国に対して自立性を強化する願望を持ち、自国内で革新を遂げる能力と野心を持っている。そのことが、とりわけ経済・農業分野において世界の不安定化の要因になっている。中国のロックダウンと活動再開は世界全体を動揺させ、世界は中国の絶え間ないストップ・アンド・ゴー政策［景気拡張姿勢と景気抑制姿勢を交互に繰り返す経済政策］に縛られている。しかも、中国の穀物輸入量は２０２０年以降、記録的な数字だ。中国は、世界市場が不利になる（市場に出回る量が少なくなる、価格上昇など）場合に備えて備蓄を形成しているのだろうか？　あるいは、２０２０年以降は以前の生産性に達しないため、そして公表された公式な数字よりも国内の収穫量が低いために在庫を増やしているのだろうか？　あるいは、中国で小麦を隠して付加価値を付け、隣接するアジア諸国の発展する市場に輸出するためなのだろうか？　中国の状況を知ることはデリケートであるから、こ

1960 ~ 2022 年の中国による小麦輸入量の推移（1000 トン）

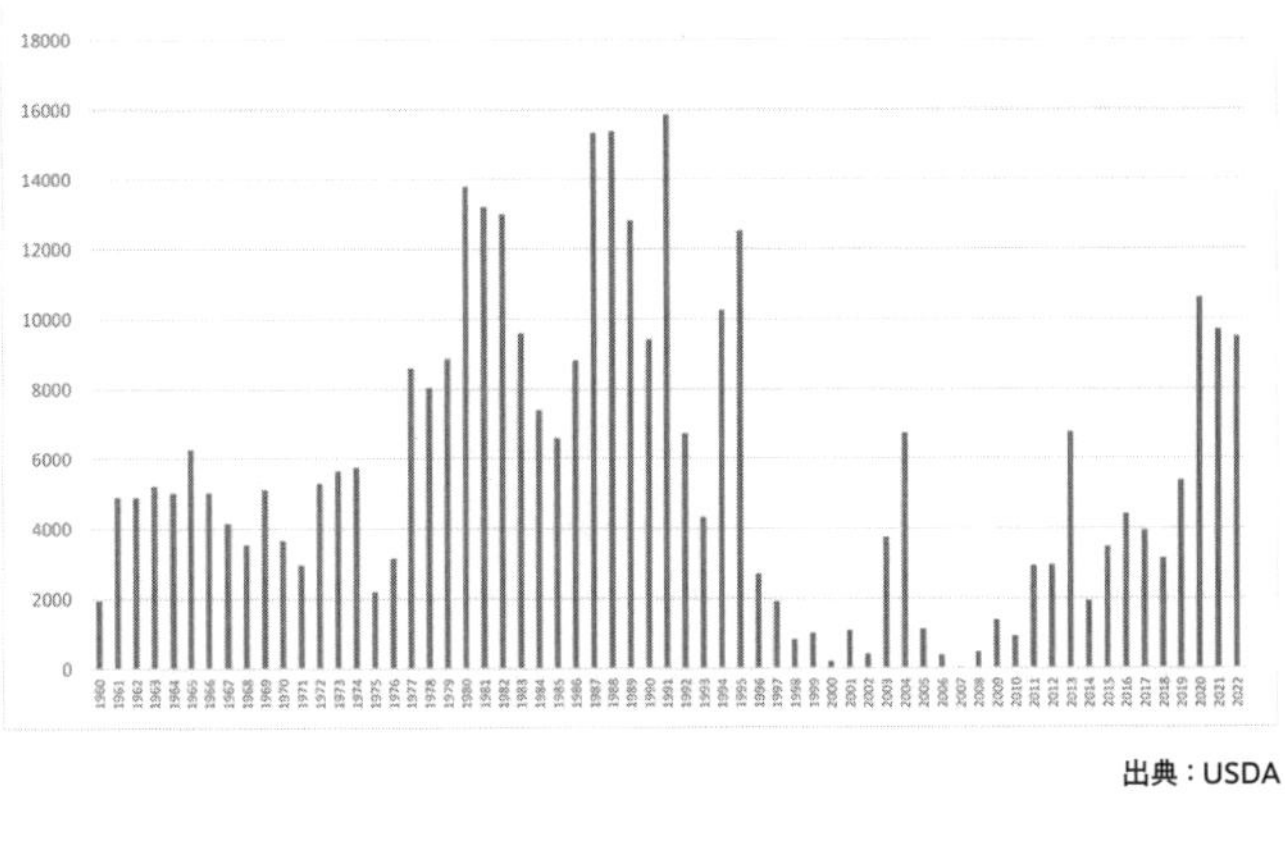

出典：USDA

うした仮説にはいくつかのバリエーションを考えることも可能だろう。中国が意図的に情報を隠していると言うわけではないが、すべてを公表しているとも言えないのだ。国際市場では、中国の中糧集団（ＣＯＦＣＯ）が無視できない地位を獲得しており、将来はその役割が高まる可能性もある。中国政府はロシアとの戦略的関係を深めており、両国に関心のある対話のなかで石油、天然ガス、穀物といった資源は中心を占めているだろう。いずれにせよ、中国は一次産品を必要としており、そのなかのいくつかはアフリカからも中東からも来ていない……。

　しかも、中国では生産重視の政策が再び勢いを持ちつつある。一国主義と「主権」が国際関係においてよく口に上る昨今、それは外国との相互依存から抜け出すことを意味するからだ。中国政府は国際市場からの供給を維持すべきであるが、その供給の安全性を最大限に確保すべきだと知っている。また、遺伝子組み換え作物についての規則を変更しようとしている。それは、遺伝子組み換え作物を栽培するためでもあるが、とりわけ、気候問題が重大になるなか国内の生産性を高めるために植物選択の新技術「新ゲノム技術（ＮＧＴ）」とゲノム編集の展望に賭けるためだ。中国政府は、中国人が自国民を養うのだということを、これまでになく示したいように思える……。最後に、莫大《ばくだい》な汚染と二酸化炭素の排出国である中国は、２０６０年にカーボンニュートラルを達成するための政策を加速することを決めた――二酸化炭素の排出ピークは２０３０年頃と予想されている。中国の国家機構は、脱炭素経済とグリーンテクノロジーの国際的リーダーになるという戦略的目標のために全面的に動員されており、[8] 農業の転換は避けて通れない。ここでも、生産性の革新なくしては、気候変動により小麦の国内生産が減少するというシナリオが現実のものとなり、中国はおそらく世界市場への依存を強めるようになるだろう。いくつかの研究によると、まだ人口が14億人であろう2050年までに小麦の収穫は10%減少し、[9] 国民の食欲を満たすためには1500万トンを追加で調達しなければならない。そのために中国は国際市場で年間2500万トンから3000万トンの小麦を購入しなければならないだろう。もしカーボンニュートラル達成のために中国が国内を緑化して、外国から大量に購入することによって食料の安全保障を確立しなければならないのなら、その輸入量はもっと多くなるかもしれない。そうなると、輸入を確保したい中国と、世界一の大国の市場の優位に服従せざるを得ないその他の国々の間で、小麦輸入の地政学的側面が強くなるのは必至だろう。

1960 ~ 2022 年の中国の小麦の生産量と消費量の推移（1000 トン）

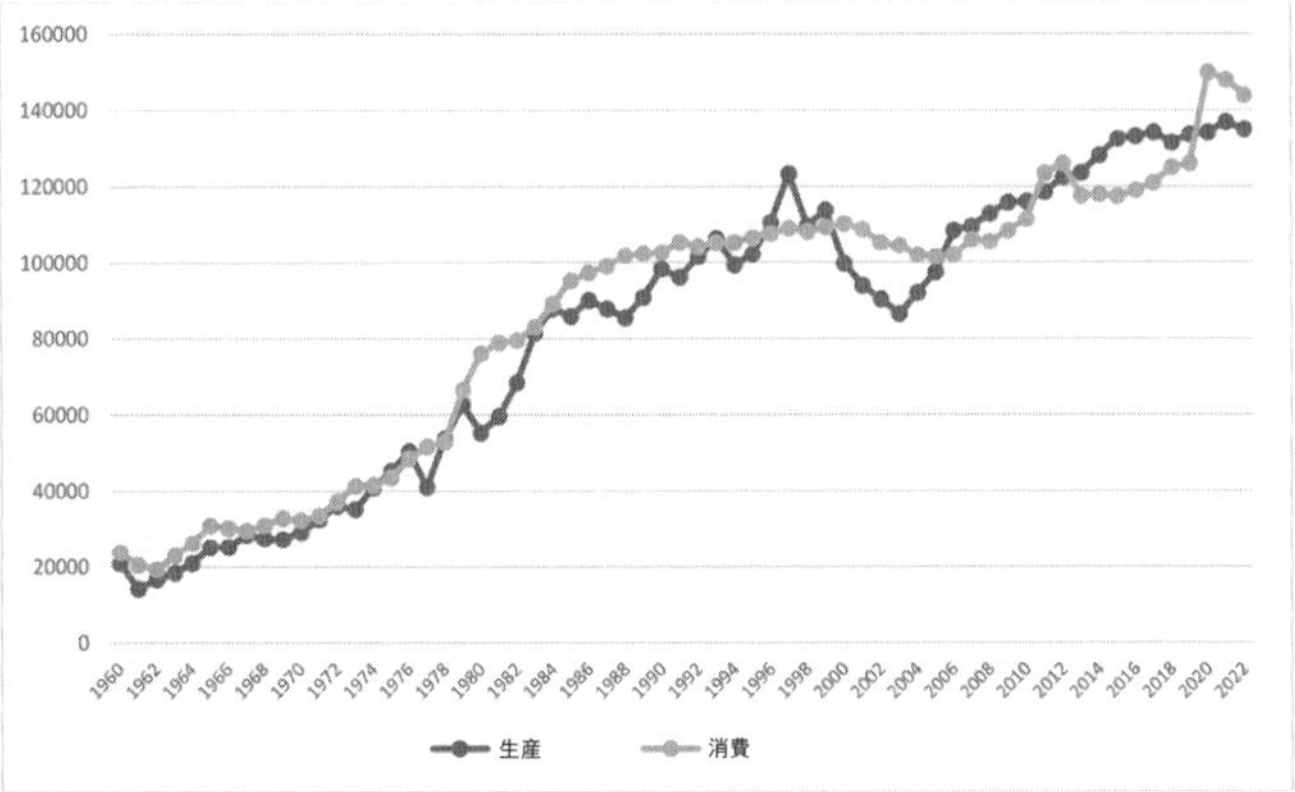

出典：FAO、USDA

インドは輸出国か、輸入国か？

世界第2位の小麦生産国、インドは分類するのが難しい。膨大な人口、文化と宗教の混交、地理的に非常に多様という、この風変わりなアジアの国のイメージに少し似ている。国の東部および南部の沿岸部ではコメが支配的だが、小麦はインドの中央部から北部にかけて、とりわけウッタル・プラデーシュ州で栽培されている。この地域は、2022年春の例が思い起こされるように、とくに気候の変動や干ばつにさらされている。当時、日中の気温はしばしば50℃を超え、農作物が枯れ、記録的な収穫が見込まれていた小麦の収穫量予想が少しずつ下方修正された。このように、インドは食料安全保障に関してはつねに不安定さがついて回る。インドが生産するものは、まずは国内で消費される。小麦の消費量は今では年間1億トンを超え、2010年よりも2000万トン多い。小麦消費量は2000年には6500万トン、1990年代初めは5000万トンだった。つまり、30年で需要が2倍になったのだ。その消費増に生産増も応え、30年間で倍になった。1970〜2020年の期間で区切ると5倍になっている。小麦はサトウキビ（3億6000万トン）、コメ（1億2000万トン）に続くインド第3の農産物である。

しかしながら、生産量と消費量の差が少しでもあると、輸入・輸出の両面で国際市場に頼ることになる。小麦生産が国内需要に達しない場合は、インドは外国から小麦を買う。21世紀初め以降、インド政府は2006年は700万トン、07年は200万トン、2016年は600万トン、2017年は100万トンを輸入している。つまり、輸入はかなり稀で量もそれほど多くない。

２０００年以降の合計輸入量は約２０００万トンであり、インドを世界の輸入大国と位置づけるのは難しい。とはいえ、もし気候変動の危機が高まり、穀物の開発にかける予算が減少するなら——冷戦という時代背景とインドの非同盟主義にもかかわらず、20世紀後半にはアメリカの支援で大幅な予算を投じて研究を進めた[10]——今後、輸入大国に近づく傾向がないとは言えない。反対に、小麦が豊作なら、インドは小麦を輸出するのを好む。十分な貯蔵能力がなく、そうしたデリケートなインフラ構築に国が効率的に対応できないためだ。したがって、小麦を無駄にしないよう、インドは国際市場で金銭に換えるほうを好む。政府が期待をかける小麦業界の企業や生産者に資金をもたらすためだ。２０００年以降、インドは何度も輸出の活力を示した。２００１年は３００万トン、２００２年は５００万トン、２００３年は６００万トン、２００４年は２００万トン、そして２０１２年は７００万トン、２０１３年は６００万トン、２０１４年は３００万トン、最後に２０２０年は３００万トン、２０２１年は８００万トンだ。その他の年は、インドはごく少量を輸出した。つねに１００万トン以下で、50万トンを下回ることもある。インドが小麦を国際市場に放出するときは、バングラデシュ、中東（イエメン、アラブ首長国連邦、オマーン）、東アフリカ（エチオピア、スーダン、ジブチ）向けが多いが、韓国にも輸出する。最近ではインドネシアもインドの小麦を買うようになった。

インドの小麦は、余剰分を輸出できるほど収穫がよいときには、市場の調整役とみなされることに注目すべきだろう。まず、輸出大国が収穫していない3月から5月にかけての春に収穫されることがメリットになる。この時期的要素は無視できない。世界第2位の生産国インド（近く世界で人口1位になる国）［国連は2023年半ばにインドがトップになると発表］に重要な地位を与えるばかりでなく、春になると通常は逼迫《ひっぱく》する小麦市場に対してインド小麦の重要性が増すからだ。たとえば、2012年の夏、ロシアやアメリカでは深刻な雨量不足で生産性が下がり、穀物価格が高騰した。この状況により、穀物業界の関係者たちは深刻な危機の場合にいつもするように実用主義的な解決策に頼り、通常にない均衡回復をもたらした。インドが世界の小麦輸出の舞台に救済者として招かれたことは、2012〜13年の小麦取引において大きな驚きの一つとなった。その10年後の2022年2月にロシアがウクライナに侵攻し、小麦価格が記録的な高値をつけたとき、インドが世界市場におけるウクライナ小麦の不足を数週間補完できるかどうかにすぐに注目が集まった。これに先立つ数年の収穫は記録的で年間1億トンを超えていた。ナショナリストのナレンドラ・モディ首相は国際協調主義を強調し、「インドは、世界貿易機関が許可するなら、世界を養うことができる」と2022年4月に宣言した。このメッセージはとくにヨーロッパ諸国の首脳やジョー・バイデン米大統領に向けて発せられている。欧米諸国はインドを、ウクライナ戦争とともに深刻化する世界の食料危機の命綱にしたかったのだ。インド小麦1000万トン以上が輸出されようとしていた。多くの輸入国や業界関係者がインドの約束に飛びついた。しかし、その数週間後、深刻な気候不順がこの熱狂に冷水を浴びせた。干ばつと記録的高温に襲われたインドの穀物地帯の収穫は期待されたものではなかった。2022年の小麦輸出はよくて700万トンと見積もられ、しかも、気前がよすぎた春の輸出を補うためにインドは年末に輸入しなければならなくなる可能性もあった。こうした状況の急変により、先の約束や宣言にもかかわらず、インド政府が2022年5月に小麦の輸出を禁じた理由がほとんど説明できる。この禁輸はすでに高騰していた世界市場の価格をさらに引き上げる結果になった。同様に、2022年後半に小麦の在庫が逼迫するという予想から、インド国内の小麦価格も上昇した。このことは、新型コロナウイルスのパンデミック以来、食料品のインフレが続くなか、消費者にはね返るだろう。2013年に成立した食料安全保障法により8億人のインド人が補助金に支えられた穀物を入手できるとはいえ、多くの世帯は十分な購買力がないために食料不足にあえいでいるのだ。

こうした状況を考えあわせても、インドは世界の輸出大国に名を連ねることができるのだろうか？　この問いは微妙であり、答えは年によって異なる。それどころか、2022年に起きたように、同じ年の月によっても異なってくる。1947年の独立以来、すべての政権は食料の安全保障を優先課題に据えてきた。ジャワーハルラール・ネルーは首相時代に、インドにとっては、「農業を除くすべてのことは待つことができる」と宣言した。「緑の革命」のインドで、小麦の収穫はつねに戦略的課題だった。1970年代までは実現にはほど遠かったが、国は自給自足を目指していたからだ。人口増加と中流階級の発展により、国内需要は激増した。そのスピードは21世紀に入ってからは減速したが、需要の勢いは現実のものだ。インド人は肉をあまり食べないため家畜用の穀物使用の増加率はかなり低いが、食用小麦の消費は増加が予想されている。インド人は今ではコメと同じくらいの小麦を消費している。インドの食料問題の地政学的奥行きを理解するには、ほかの基本的要素に言及しておく必要がある。インドは世界の耕作地全体の4％にあたる1億8000万ヘクタールの農地を有しているが、もうすぐ世界人口の20％を養わねばならない。[11] インド人の3分の2はまだ田園部に住み、インド人の40%は農業部門で働いている。農業経営者の80%は2ヘクタール未満の小農で、自分たちの食料を確保するための農業が今でも支配的だ。世界中で飢餓に苦しむ人々の3分の1がインドに住んでいる。こうした要素をインド政府は熟知しており、世界の需要のために国内問題を犠牲にすることはできないのだ。

したがって、おそらく小麦の国際市場においてインドは輸出国であると主張し続けるのは便宜主義的態度だろう。だからといって、インドは年によってはかなりの量の小麦を輸出できるという事実を否定してはならない。この国は気候不順からも、[12] 農業生産を弱体化するような国内の動乱からも免れられている状況にはない。国を麻痺させるような、農民の窮乏や度重なる不満は注視されなければならない。それは過去何年もインド小麦の需給バランスの変数になっており、未来もそうであるからだ。[13] ２０２０年に進められた農業改革は国内に大規模な抗議運動を引き起こし、首都が麻痺してモディ政権が改革を中止した経緯もあるほどだ。インドの農業従事者のもろさは、過去30年間に30万人もの農業従事者が自殺したことからも明らかだ。

東南アジアは今世紀初めから小麦の輸入が急増

東南アジア諸国は今世紀初めに小麦の輸入大国に仲間入りした。まずインドネシア、そしてフィリピン、ヴェトナム、タイがその筆頭だ。人口の合計が5億７０００万人に上るこの4ヶ国は、国際市場で調達する小麦の量が次第に増えている。21世紀初めの10年間の年間平均１０００万トン、２０１０年代の２０００万トンに対し、２０２０~22年は２４００万トンに上る。今世紀初めから140％も増加したことになる。2000年以降、この4ヶ国は国際市場から小麦を計3億7000万トン飲み込んだことになる。うち1億7000万トンはインドネシア。1億トンはフィリピン、5500万トンがヴェトナム、5000万トンがタイだ。比較してみると、中国は同じ期間に8000万トン、世界の輸入大国の一つであるアルジェリアは1億5000万トンだ。隣国の数字を挙げてみると、マレーシアは現在、年間200万トン、シンガポールとミャンマーはそれぞれ50万トンで、カンボジアは取るに足らない数字だ。東南アジア全体では現在、小麦を年間2700万トン輸入しており、世界の輸入量全体の14％にあたる。この数字は、人口増加および、パン、ビスケット、菓子パンの需要が増す社会の食習慣の変化、同時に製品の品質やトレーサビリティの要求の高まりによって、さらに増加する可能性が高い。輸出国の多くはそれを理解しており、アメリカ、カナダ、オーストラリア、ロシア、ウクライナ、アルゼンチンは、戦略的な消費国となったこの地域の市場を征服しようと争っている。ところが、EUやフランスの市場参入度は低い。

小麦に関して持続的な依存を表しているほかのアジア諸国のことも忘れてはならないだろう。人口が多く、自然資源に恵まれず、インドと中国にはさまれた貧国バングラデシュは2010年代半ば以降、年間平均500万トンを輸入する。コメが主食であるものの、小麦の輸入は増える傾向にあり、2000年から2021年にかけて3倍になった。この国は世界の主要輸入国に仲間入りし、主にロシアとウクライナから購入している。よって、バングラデシュはウクライナ戦争や、同国の構造的な食料不安の深刻さを考えると短期的には多数のリスクにさらされている。[14]日本は50年来、比較的安定した量の小麦を輸入しており、年間500万〜600万トンである。輸入先はアメリカ、オーストラリア、カナダだ。年間300万〜400万トン輸入する韓国も小さな市場ではない。この国も欧米の大国から買っている。最後に西アジアのアフガニスタンとパキスタンの重要性に言及しないのは不用意だろう。前者は年間300万〜400万トンの小麦を購入し、後者は変動があるものの200万〜400万トンを買う。両国は年によっては500万〜1000万トンの小麦を購入する可能性を秘めており、慢性的な地政学的震源地であることからすると考慮すべき要素である。[15]

2000年以降の東南アジアの小麦輸入の推移（1000トン）

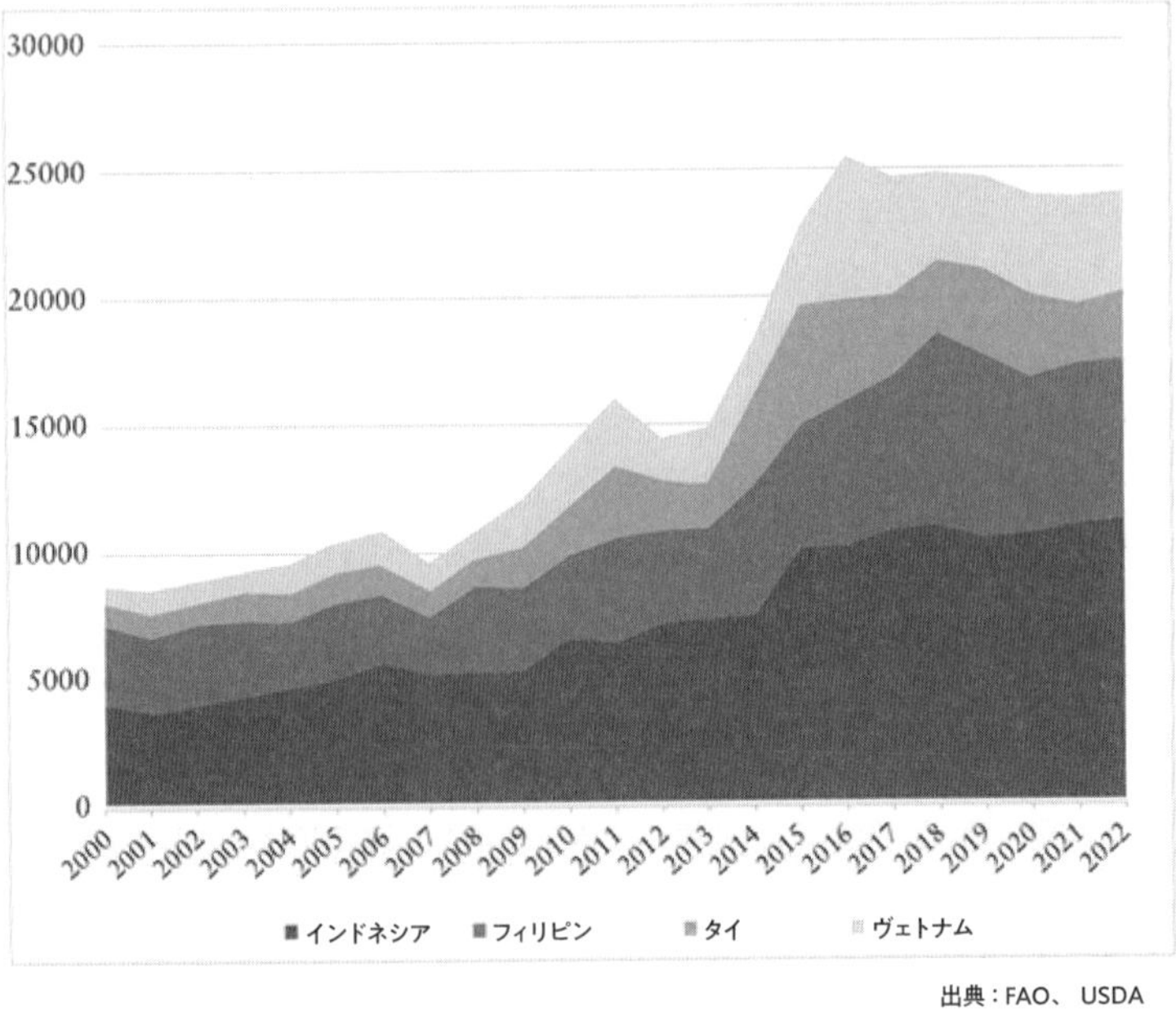

出典：FAO、USDA

オセアニアの農業大国オーストラリアは小麦業界のカギを握る

世界の農業生産の1％弱だが、農産品の70％を輸出するオーストラリアは、広大な国土に多様な農業を展開する、世界市場におけるトップクラスの国である。ほかのOECD諸国に比べると公的援助のレベルは非常に低いながらも、農業部門は、国から安定した支援を受けている。国は自国の経済が現在、年間800億ドルの付加価値を計上する農業にどれほど頼っているかを知っているからだ。2015年のパリ協定の気候対策を順守する必要性から研究やイノベーションへの投資が盛んだ。

オーストラリアは小麦の輸出で上位に位置し、近年では年間1000万トンから2500万トンを世界市場に供給する。この数字の開きは年によって収穫が大きく変わるからだ。オーストラリアは生産量が年によって最も大きく増減する生産国の一つである。2021年は2700万トンの輸出で記録を更新したが、2002、2007、2008、2018、2019年は1000万トンを下回る暗黒の年だった。この1000万トンという数字は世界の市場に目を向けるオーストラリアにとっては心理的に重要なボーダーラインである。実際、同国の農地のおよそ半分を占める小麦は、ほかの農産物と同様に輸出に貢献する。国内消費が少ないため、収穫の3分の2は輸出される。今世紀初めからアジア・太平洋地域で勢いをつけたオーストラリアは、中国、東南アジア、韓国の市場に確固たる地位を築いた。[16] これらの国の穀物消費の増加はオーストラリア小麦に有利に働いた。たとえば、同国の小麦の品質は、しばしば品質の低い中国小麦の自然な品質改良剤として働くのだ。

しかしながら、このことはオーストラリア小麦の地経学に影響を与えることもあった。実際、中国の輸入業者はあまり注意しないので、オーストラリアは次第に品質よりも量を重視するようになったが、従来の顧客である日本には歓迎されなかった。日本の食の伝統はある種の小麦に基づいているが、現在では少しずつより生産性の高い品種の輸入品に取って代わられている。オーストラリア小麦の輸出増は中東のおかげでもある。オーストラリアはインド洋を介する直接の海路があるため、中東の市場によく食い込んでいる。近年では、新型コロナウイルスに関する外交の緊張状態から生じたオーストラリアと中国の貿易摩擦により、オーストラリアの農産品の中国への輸出の確実性が弱まった。同国の小麦を中国が以前より歓迎しなくなったために、ほかの地域に向かわなければならない。アフリカ、そしてインド――インドとは2022年に貿易協定が結ばれた――が将来の有力な候補だ。ただし、長期的に見て中国の食料需要が政治的配慮より優先されなければだが……。もし、オーストラリア小麦がなくてもほかの国で調達できるなら、オーストラリアは中国市場へのアクセスを失うのだろうか？　あるいは中国を避ける選択すらするようになるのだろうか？　ここで、オーストラリアと中国は2022年に発効する「地域的な包括的経済連携協定（RCEP）」に調印したことに触れておくべきだろう。この協定は総人口20億人、合計で世界の国内総生産（GDP）の30％を占めるアジア・太平洋地域15ヶ国が調印した世界でも最大の自由貿易協定である。

北アフリカと中東は穀物の輸入依存度が高い

もし地球上の地域のなかで、「小麦への渇望」という表現がぴったりくる地域があるとすれば、それは中東・北アフリカ（MENA）だろう。[17] フランスの元外相ユベール・ヴェドリーヌが1999年にアメリカの国際舞台における力を表すのに「超大国」の概念を提案したが、MENAについては穀物の「超依存」と表現することができるだろう。この地域の食生活において小麦は主食であり、輸入農産物ではトップだ。また、小麦には政治的、社会的な予防措置として大きな公的補助金が注入されている。

世界一の小麦輸入地域

本書では、地理的問題と人口増加が小麦に関する戦略の分析にとっていかに重要であるかをすでに論じた。MENA地域は自然の大きな制約がある地域だ。水不足が進む国もいくつかある。耕作可能な土地は限られており、農地に適した土地はすべて（あるいはほとんど）すでに利用されている。降雨量は少なく不順で、気候変動により世界の他の地域よりも弱体化している。こうした農業に不利な状況のなか、半世紀前から観測される人口増が、歴史は古いが未来に不安のあるこの地域の食料事情の脆弱さにさらに拍車をかけている。[18] この地域の人口は過去50年間に1億4000万人から4億8000万人になった。北アフリカ（モロッコ、アルジェリア、チュニジア、リビア、エジプト）だけを見ても、数字は顕著である。1950年に5000万人だった人口は、2020年には2億5000万人、国連の最近の予測[19]によると2050年には3億2000万人になるという。つまり、北アフリカの人口は100年で6倍になるということだ——これに対して世界の総人口の増加は4倍にとどまる。したがって、将来的な世界の食料安全保障に対する悲観論は当然、この地域に関する不安につながる。この不安は、ほとんどの国が慢性的な政情・社会の不安定を示しているために地政学的不安につながっているからなおさらだ。

MENA地域は食料調達で世界に最も依存している地域の一つだ。農産品の需要は1960年代から6倍になった。現在、この地域で消費される食料の40％は国際市場から来ており、50年前の4倍である。これはMENAの平均的数値だが、国によって大きな差異がある。マグレブ諸国［リビア、チュニジア、アルジェリア、モロッコ、モーリタニア］とエジプトといった国々は、カロリーベースでは50％以上を輸入している。MENAの食料の輸入依存は主に穀物について言えることは明らかだ。小麦を例にとると、アルジェリアやヨルダンといった国々は輸入の割合が3分の2を超える。レバノンとイエメンでは90％以上だ。21世紀に入ってからその輸入量は増える一方だ。北アフリカでは小麦の輸入量は2000年の1800万トンから、2010年には2400万トン、2022年には3000万トンに上り、67％も増加した。中東の小麦輸入は2000年の

1600万トンに対して2022年は3500万トンと、増加率は119％にも達する。この増加率は東南アジアよりは少ないが、MENA地域の人口が東南アジアのそれより少ないことを考えると、輸入量は膨大である。MENA地域は今世紀初め以来、毎年、世界の輸入量全体の3分の1を占めるのだ（人口は世界の6％にすぎないのだが）。とはいえ、これは統計上の数字を足したに過ぎず、逆の戦略的な力は生み出さない。各国それぞれが独自に購入しているからだ。石油の輸出ではなく、小麦の輸入で「逆のOPEC」を形成したとすれば、各国の小麦購入を累計した比重はかなりのものになる。もちろん、この仮定はこれほど地政学的に分裂した地域においては突飛な考えだろう。

現在、MENA地域で年間に消費される小麦は1億1000万トンであり、2000年代初めよりも3500万トン多い。1980年代以降、世界一の小麦輸入国であるエジプトは、今世紀初め以来、小麦の消費が年間1300万トンから2100万トンに増えた。トルコも年間消費量は同じくらいだが、2000年には1700万トンだった。第3位の輸入国であるアルジェリアは、この20年間で年間消費が600万トンから1100万トンになった。時間の単位を1日に圧縮し、重量を一般人により馴染みのある単位に置き換えると、より参考になる数字が出てくる。MENAで年間に消費される小麦1億1000万トンというのは1日あたり平均で30万トンの小麦が消費されるということであり、1分間に20万キログラムにもなるのだ！　この消費量の多さはMENAに限ったことではないと反論することは正当だ。毎年1億1000万トンの小麦を消費するEU27ヶ国の数字も同様である。しかし、2つの大きな違いがあることを指摘するべきだろう。ＥＵが消費する小麦の半分は食用には直接に関係していないのに対して、ＭＥＮＡでは80％が食用である。もう一つは、ＥＵで消費される小麦のわずか４％が域外から輸入されているのに対し、ＭＥＮＡでは60％が輸入である。

ＭＥＮＡ地域内の生産量の向上はあまり大きくないか例外的であり、多くは不足分を埋め合わせるのに国際市場からの調達に頼っている。ＭＥＮＡが年間に消費する１億１０００万トンのうち、６５００万トンが輸入されている。流通が滞らないように年間を通して輸入される小麦の量はかなりのものだ。エジプト、アルジェリア、イラン、イラク、モロッコ、トルコ、サウジアラビア、イエメン、リビアはすべて小麦の輸入国の上位20位のなかに入る。したがって、世界の小麦輸出国すべてが、さまざまな輸出先のなかでＭＥＮＡ地域に特に目を向けるのは当然だろう。この市場にはアメリカ、フランス、ドイツ、アルゼンチン、オーストラリアが以前から入っているが、ここ10年間の特徴は黒海沿岸の小麦のシェアが増大していることだ。つまりロシア、ウクライナ、そしてルーマニアが地理的に近いＭＥＮＡ地域の市場で重要な役割を果たすようになったということだ。

ＭＥＮＡ地域の国々は、将来は今よりもさらに膨大な量の小麦を国際市場で調達しなければならないだろう。こうした見通しは必ず経済的な影響をともなう。輸入の必要性が高まるということは、小麦の価格に対する関心が高まるということだ。こうした状況では、事業者はあらゆる面で競争を展開する。実際、どの輸入国でも、国が買うか民間企業が買うかの違いはあっても、ＭＥＮＡ地域への輸出は利益をもたらすものの次第に煩雑になっている。したがって、入札をものにするにはあらゆる段階で競争力を持たねばならない。価格構成（小麦、輸送、保険の価格）はもちろん、仕様書、小麦の品質、物流の柔軟な対応、商品の納入期間、業界を近代化するための購入後の技術支援などだ。ＭＥＮＡ地域の事業者の気難しさが強まる可能性もある。小麦市場の関係者たちの心の持ちようや態度は、生産者／輸出国と同時に輸入国にとって重要なパラメーターなのだ。それは価格、生産地、輸送に関する条件にプラスされる。つまりこの地域の国々の小麦業界で活動するすべての人に対して抜け目なく戦略家でなければならない。社会的、政治的な意味を内包するほかに類のない重要な食料品であるからだ。こ

MENA 地域の 5 ヶ国の小麦の輸入、生産、消費量の推移（100 万トン）

	エジプト			トルコ			アルジェリア			イラン			モロッコ		
	輸入	生産	消費	輸入	生産	消費	輸入	生産	消費	輸入	生産	消費	輸入	生産	消費
2000/01 ~ 2004/05	34.8	38.5	65.5	4.2	103.6	83.8	25.6	9.1	33.3	13.9	57.9	73.4	14.1	16.6	31.4
2005/06 ~ 2009/10	43.0	41.2	80.7	4.2	86.8	83.6	25.6	9.1	40.4	13.9	66.3	77.6	14.5	24.5	37.4
2010/11 ~ 2014/15	52.0	40.7	92.6	21.4	85.3	88.2	34.2	15.3	47.1	18.8	70.0	82.5	19.5	26.6	43.4
2015/16 ~ 2019/20	60.7	41.9	98.8	32.4	94.3	91.5	39.4	17.0	52.8	9.9	73.3	83.5	22.1	24.7	51.6
2020/2021	12.1	8.9	20.6	8.1	18.3	20.6	7.7	3.9	11.3	2.2	15.0	17.4	5.2	2.6	10.4
2021/2022	11.5	9.0	20.5	9.5	16.0	20.2	7.8	3.1	11.4	7.7	12.0	18.2	4.8	7.5	10.6

出典：USDA のデータに基づいた著者による計算と作成

うした要素は、ロシア政府が世界の穀物市場を支配する壮大な戦略のなかで近年、吟味し、働きかけてきたことだ。こうしてロシアは中東、エジプトの主な供給者になり、北アフリカ市場にも参入しようとしている。

トルコは小麦粉とパスタの世界的リーダー

トルコは今では小麦の輸入大国の仲間入りをし、2017年以降ロシア小麦の筆頭輸入国である一方で、MENA地域の小麦生産の3分の1を占める。しかも、自国で生産あるいは輸入した小麦を小麦粉の形で一部輸出していることに注意を向けるべきだろう。トルコは小麦粉に限れば世界取引の25%を占め、2015年以降は年間300万トンを輸出している――2005年以前は100万トン以下だった。トルコの小麦粉は主に中東（イラク、イエメン、シリア）とアフリカ（アンゴラ、スーダン）に輸出されているが、輸出先は160ヶ国に上り、10億ドル以上の収入を得ている。トルコはパスタの輸出国としては世界第4位であり、世界市場の7%のシェアを持ち、こちらも輸出先はアフリカ大陸に集中している。世界への農産品貿易の拡大を目指すトルコにとって、アフリカは戦略的地域である。アフリカにおけるトルコの外交は文化、軍事、経済と同時に食料の分野にも及ぶ。

積極的な政策へのチャレンジ

ここ50年間、ＭＥＮＡ地域のほとんどの政府は穀物栽培の促進政策をとってきたが、この地域のすべての国が小麦の輸入国であることは明らかだ。ここ数十年間で生産量や生産性の向上が見られるケースがあるものの、ＭＥＮＡは世界のほかの地域、とくにほかの発展途上地域よりも向上の度合いが低い。たとえば、中国のヘクタールあたりの小麦の生産性は１９６０年代には北アフリカと同じだったが、現在はまったく違う。ＭＥＮＡ地域の年間の小麦消費（１億１０００万トン）は中国のそれ（１億４０００万トン）に近いが、人口比は1対3だ。ＭＥＮＡ地域の労働生産性は、自然条件の限界とともに深刻な問題だ。したがって、生産性には限界があり、気候、人口、食料面の傾向から見ると、今後も小麦の世界市場への依存が高まることが予想される。ＭＥＮＡ地域の小麦輸入は２０００年から２０２０年にかけてほぼ倍になっているが、２０５０年には1億トンに達する可能性があるのだろうか？

正確な数字を上げることは難しいが、輸入が増えている傾向をとらえることは重要だ。つまり、同地域の政府は国内の豊作に期待しつつ、調達にかかる費用を考慮して、なるべく低価格で必要な量の小麦を国際市場から調達することに期待するという姿勢をますます強めている。したがって小麦は、ＭＥＮＡ地域がすでに考慮している農業・食料の不安定リスクを明らかにするバロメーターの働きをする。この見地から、この地域の国々は農業戦略を強化し、国の安全保障の目標に食料分野をしっかりと組み込むことが求められている。為政者は国の制度や政権の変化にかかわらず、国民の食料需要のためにこうしたリスクを緩和するためのあらゆる防御策を模索しなければならない。MENA諸国にとっては外国からの調達が必要であっても、国内生産、とりわけ小麦産業の効率性を推進することは可能だろう。農学が進歩し、今日のニーズに見合う農業の発展を支えるための投資が増加すれば、生産性の向上の余地はまだある。この点では、モロッコの例が挙げられる。この国は農業と食料安全保障において積極的な政策を取り戻そうとしている。2008年に「モロッコ・グリーン計画」を打ち出し、多くの施策の実現、そして国の経済と安定性に不可欠なこの部門に向けた国のトップの追求は特筆する価値がある。モロッコは何度も干ばつに直面し[20]、穀物生産が年によって大きく変動したが、その衝撃を緩和し、小麦業界の持久力を強化し、気候条件が豊作に適したときには収穫を最大限にするための資金を充てた[21]。

ところで、MENA地域の諸国は損失を減らすことで食料に関する国の主権の一部を取り戻すこともできる。食料や穀物の自給自足に到達することは将来的にも不可能だろうが、バリューチェーンの最適化や貯蔵能力の向上により、食料の安全保障を向上させることはできる。小麦の輸入業界は、物流の効率性の欠如のため不利な状況にある。収穫後や輸送段階での損失、あるいは内陸部への連絡が整備されていない港に到着した後の損失などだ。その上、重大な事故が起きたりすれば、物流システムの崩壊は避けられない。たとえば、ベイルート港で2020年に爆発事故のあったレバノンでは、200人以上の死者を出しただけでなく、そこにあった国内最大の穀物サイロを壊滅させた。小麦の貯蔵と流通に関する物流の問題に加えて、MENA地域の多くの国にはびこる、行政手続きの煩雑さや汚職といったほかの障害もある。こうした国の統治やビジネスの一般的風土に関する問題は、農業の発展や食料安全保障の効率性にブレーキをかける。ときには、軍が穀物業界の組織において重要な役割を果たし、取引の一部を管理し、小麦に関する物流やお金の流れのメカニズムの良好な機能を監視する。エジプトとアルジェリアはその典型的な例で、軍が政治に影響力を持ち、重要な経済分野に食い込んでいるため、穀物事業と密接な関係にある。[22] この穀物ビジネスは、小麦の力を認識していながらあまり褒められない目的を持つ人のために、収入を得たり、関係を結んだり断ったりするために、着服の対象になることもある。

イスラム国（IS）——小麦は戦争資金

2014年から2016年の最盛期、イスラム過激派組織「イスラム国」のシリアおよびイラク征服の戦略の一つは現地の資源を支配することだった。[23] 油田、ガス田、リン酸塩の鉱山に加えて、イスラム国は水資源を支配下に置くために、その地域のティグリス川とユーフラテス川流域に拠点を構えた。イラクとシリアの多数の穀物サイロと製粉所も奪った。よって、このスンニ派のジハード集団はシリア東部とイラク北部の穀物平原にも定着した。イスラム国はその地域の農業の均衡と食料安全保障に対して支配力を持った。実際、戦争の間、農業への影響は甚大だった。戦闘のために作物は破壊され、土壌や輸送手段が悪化しただけでなく、戦闘に加わったり、戦争から逃れたりする人が多かったために労働力も失った。こうして供給と需要のバランスが崩れ、供給は需要に応えられなくなった。こうした状況では、小麦の在庫の支配が戦略となる。それが武器にすらなるのだ。在庫は収入源にもなったし、在庫を支配することにより、無料でパンを配ったり、小麦を安い値段で売ったりすることで現地住民の支持を得ることにも役立った。イスラム国はそれをよく理解し、農地や工場、征服した町や村の多数のパン屋を支配下に入れることで小麦資源を管理下に置いた。それは、住民への温情を誇示しようとするジハーディストたちの発言にも反映され、イラクとシリアの中央政府の権威の弱体化にも一役買った。イスラム国が独占した、あるいは盗んだ小麦の一部は消えてなくなった。非公式なルートをたどって隣国に流れたのは間違いない。この非合法な市場で小麦を現金化したイスラム国は、それを戦闘資金につぎ込めた。イスラム国の勢力は弱まってはいるが、現在でもまったく消滅したわけではない。穀物をめぐる地政学的駆け引きはイスラム国がまだいる地域で継続している。その一方では共同体間の暴力は増し、気候問題も深刻になっている。[24]

「社会契約」の終焉か？

先に述べたように、穀物の需要が地理的、人口的な理由で増えているとしても、それは家畜を養うのに穀物を必要とする乳製品や肉類を多く消費する食生活の変化の結果でもある。とはいえ、MENA地域の小麦消費は食用がほとんどだ。実際、小麦は地中海式食生活の主食である。この伝統は文化的理由で持続しているのだが、社会的、政治的な理由もある。つまり、消費者の所得が低いために価格を維持する政策があるため、いっそう小麦消費が促進される。こうしてパンはMENA地域の住民の主食となり、地球上で最もパンの消費が多くなった。たとえば、チュニジアでは国民一人が消費する硬質小麦（セモリナ、パスタ、クスクス）は年間70キログラムで、軟質小麦（小麦粉、パン）は85キログラムだ。この国では、ほかの地中海沿岸の国々と同様、クスクスやパスタが食卓に上るときでもパンを盛った籠なしに食卓につくのを想像するのは難しいのだ！ さらに、MENA地域の家庭は家計支出の平均50％をいまだに食料に費やす――しかもパンは毎日食べる――ことを頭に入れておくことが重要だろう。この割合は、基本的な食料の価格変動の影響をもろに受ける低所得者層では当然高くなる。ところで、この小麦は浪費されることもある。日常的に過剰に見積もって購入されるために、MENA諸国全体の家計や穀物生産者に重くのしかかることは、エジプトの研究例も示している[25]。

MENA地域では、小麦が不足したり、価格が高騰すると、起爆剤の役割を演じることがたまに――〝しばしば〟と言うのを避けるなら――ある。1981年のモロッコ、1984年のチュニジア、1996年のヨルダンのような社会騒乱はさまざまな観点や原因からとらえられるべきだが、パンの価格や、最も貧しい人々が手にすることの困難さという要因を考慮しなければならない。2011年には、インフレと市民の不満が結びついて、強権的な政府をいくつか転覆させたり、揺るがせるにいたった。2010年夏、ロシアが小麦の輸出禁止を宣言した際は、エジプトは震撼《しんかん》した。当時、エジプトの小麦購入の平均3分の2はロシアから輸入していたからだ。世界市場での小麦価格の高騰はすぐにエジプトの供給網にも影響し、すでに不安定だった政治情勢にパンの値段の上昇が追い打ちをかけた。2011年1月、30年間続いた独裁政権が革命によって倒れ、数日前にチュニジアで起きた衝撃波がさらに広がった。インフレと生活必需品の価格は国民が立ち上がるきっかけになったのだろう。「もっとパンと自由と尊厳と社会的公正を[26]」という文句が抗議する人たちのスローガンに最も多く掲げられた。つまり、このような示威行動は昔の民衆の抗議運動の延長線上にあるのだ。そこでは、妥当な価格でパンを入手できることがある種の社会的、政治的断絶の際の重要な要素になる。公道で怒りを表現することは非民主主義的な統治体制では危険な行為であることは明らかだが、こうした状況におけるその意味を推し測る必要がある。食べることに関する購買力の侵食——飢餓の恐れまで——はしばしば国民の不満の起爆剤になる。その不満は単に食料についてだけではないが、反乱の説明要因としてそれを除外することは、根本的な分析を放棄することになる[27]。

このようなリスクを考慮して、MENA地域の多くの政府は基本的食料品への支援政策を何年も前から実行している。公的資金によってパンの値段を維持する努力をすることで、政府はいわば社会的平和と統治の継続を買っているのだ[28]。こうして価格変動の衝撃を和らげ、より多くの国民に生活必需品の入手を保証するための出費のメカニズム（補助金、価格維持、食料配給券）が発展した。2012年、アラブの春を受けて、MENA地域では食料への補助金のために計400億ドルが費やされた。

ところが、このような出費は国の予算に重くのしかかり、重大な財政上の困難を現在も抱える国もある。たとえば、チュニジアは重篤な財政悪化を抱えており、議論を巻き起こした。エジプトも同様で、この国はしばしば基本的な食品に対する補助金制度を改革してきた。よく知られているのは、わずかのお金で多くの国民が入手できる「エイシュ・バラディ」――〝バラディ〟は〝国の〟という意味――だ［〝エイシュ〟はパンの意。つまり〝国のパン〟を意味する］。2015年、デジタル経済の発展の波に乗って、制度の効率性を最適化するために新たな措置が決められた。それは、社会的弱者に配給カードを支給し、月ごとの規定配給量よりバラディ・パンの消費が少なければ、配給の権利をほかの食品と交換できるようにするものだ。それ以来、ほかの改革も試みられたが、その効果や逸脱についての議論がやむことはない[29]。2022／23年度の政府予算では、エジプト政府は50億ドル近い予算を食料の補助金に充てることを決めた。その60％は非常にセンシブルな分野であるパンに充てられる。

したがって、国際金融機関が経済支援と引き換えに食料補助金を減額するようにしばしば勧告しているが、MENA地域の政府がこれに応じることは危険がともなうことなのだ。改革が実現されるとしたら、それは概して手続き上のことだが、それでも社会制度をいじることは政権にとって（非常に）大きなリスクをともない、完全に制度を止めるとなると社会騒乱の火種になりかねない。財政的には維持しがたいし、しばしばほかの部門への出費を犠牲にして行われたり、公金横領につながることもあるので批判されているが、必需品（パンも含む）への補助金は政治的には不可欠なのだ[30]。2022年は、新型コロナウイルスのパンデミックの社会的・経済的影響が長引いたのと、ウクライナ戦争による世界の穀物市場の騒乱のため、アラブ世界の大多数がパ

2010/11 年から 2021/22 年、エジプトへ小麦を供給した上位 10 ヶ国
（この期間の累積：100 万トン）

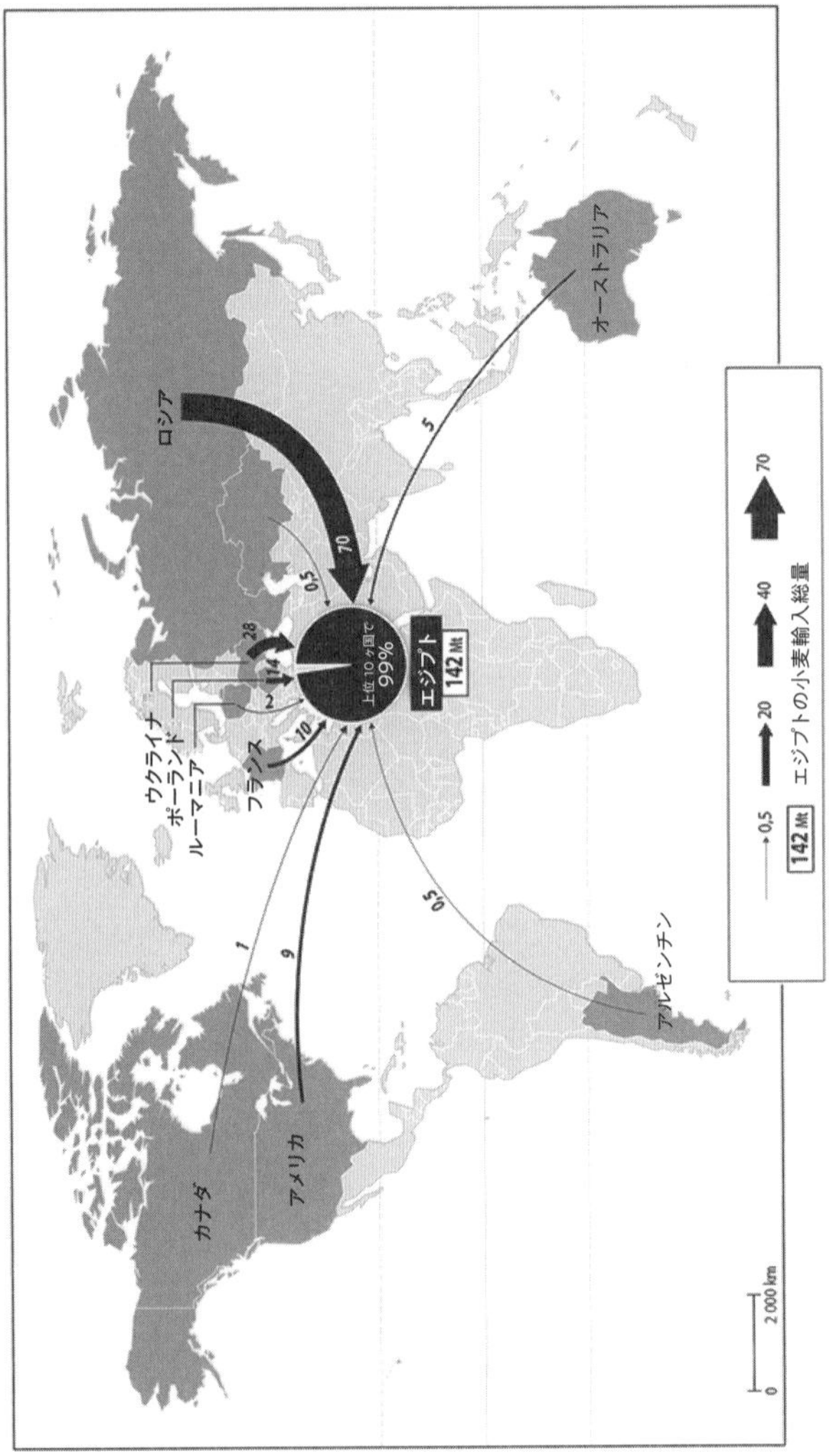

出典：Argus Media/Agritel のデータに基づいた著者による計算

ンの値段を注視していることを思い起こさせる結果になった。[31] パンの値段は時代に関係なく根源的な不安定要素であり、ある地域を慢性的な地政学的混乱に導くことが可能なのだということを。

＊＊＊

ラテンアメリカ、アジア、中東とアフリカは世界の穀倉に依存する地域だ。それぞれの国で状況は異なり、穀物問題で異なる戦略的特徴を表しているとしても、これらの地域で食料の安全保障が重大な地政学的課題となっていることを理解するのは重要だろう。これらの地域、諸国全体の安定性の保障のために、小麦の供給を確保し、国内の社会的平安を保証するのにかなりの資金が投入されている。この脆弱性は、制約を強める2つの戦略的な原動力とともに今後の展望に含めるべきだろう。その2つの原動力とは気候変動、そして多国間の国際協力における混乱だ。

第6章
気候問題――変化のとき

農業部門は人々の生活と社会の未来にとって戦略的な性質を持っていることから、農業に直接に関係する気候問題は、世界平和と国々の発展にとって重要な課題だ。しかも、気候変動は人類の安全面にますます大きな影響を及ぼしており、今世紀のうちにも重大な混乱が避けられないことを予示している。２０２１年夏に公表された気候変動に関する政府間パネル（ＩＰＣＣ）の第6次評価報告書は、リスクの増大を強く訴えているだけでなく、気候変動の地政学面の重要性も強調している。[1] 気温の上昇は産業革命前に比べてすでに１・１℃に達しており、２０３０年には１・５℃に達するとされる。２０１５年の国連気候変動枠組条約第21回締約国会議（ＣＯＰ21）のパリ協定で合意された目標は、今世紀末に（！）地球の平均気温上昇を２℃、できれば１・５℃に抑えるというものだ。過去10年間（２０１０～20年）はここ10万年で最も暑かったようなのだが……。

懸念される傾向と差異

気候不順に直面する小麦

農業に関しては、気候のファクターは根源的だ。ほかのどんな活動部門よりもつねに、明らかに気候に依存してきた。したがって、多くの人々の安全性に決定的な要因となる食料安全保障も気候条件に依存する。労働、水・土地資源の可用性が農業生産にとって不可欠であるのは明らかだが、雨量、気温、季節の均衡を過小評価してはならない。ロシアの古い格言に、「小麦を育てるのは土地ではなく空だ」というものがある。科学者たちも今後数十年のうちに起こる気候変動と地球規模の気温上昇傾向――不安定さを増加させる――で意見の一致をみている。農業栽培と同様に、何百万人という人々の生活が一変するだろう。気温上昇、干ばつや洪水がより頻繁に起こり、デルタ地帯の海面上昇も含め、生産性に影響を与えるだろう。小麦に大きな害を与える黄サビ病の菌のような、植物の生産に影響を与えうる外来種がもっとはびこるだろう。注意深く観察されるエルニーニョやラニーニャのような海流から生じる影響にも言及するべきだろう。

こうした問題は重大であるために、その影響の緩和と適応の両方で対処する必要がある。生産システムは、二酸化炭素排出をできるだけ迅速に減らしてカーボンニュートラルに貢献するような転換を加速、進化させなくてはならない。カーボンニュートラルはパリ協定の延長線上に世界の多くの国が掲げる戦略的目標の一つだ。また、今後数十年間に変化し、変わり続ける気候に適応することも必要だ。どんな地理的空間も活動部門もそれを避けて通れないのだから、未来の生活条件をよりよく見越した対策をとらねばならないし、急変しやすいと予想される状況において最大限の安定性を維持するための解決策を見出さなければならない。

小麦の生産における気候変動の影響に関する研究は多数ある。最近の研究でここで取り上げたいものの一つは、グローバルで非常に長期的な視点を備えている。地域による差異を細かく地図にするためにNASAの衛星とテクノロジーを使って、2021年末、ある研究グループが2100年までの世界の穀物栽培の生産性の変遷について大規模な研究の成果を発表した。[2] その研究は二酸化炭素の排出予想、今世紀末までの気候の予想、小麦とトウモロコシの栽培に現在充てられている面積、そしてその生産性の状況を考慮に入れている。この研究の結論は重要だ。世界規模では、トウモロコシが最も気候変動の影響を受け、生産が平均で24%減少する。それに対して、小麦は今世紀末までに世界で生産が17%増加すると予想される。アフリカの角（ウガンダ、エチオピア）、北欧、カナダ、南米の西部、とりわけロシアの地域が気温上昇の恩恵を被るということだ。現在、世界一の小麦生産国である中国では状況は変わらないという。逆に、インド、パキスタン、アフガニスタンや中東の数ヶ国といった国々はかなり生産が減少する。また、アメリカ南部に現在ある小麦畑の40%がなくなると予想されている。メキシコやブラジルの一部も同様だ。しかも、そのような変化は消費の変遷も考慮に入れて予測されなければならない。現在の小麦の年間生産量が17%増えるとすると、今世紀末には9億トン強になると予測される。本書では、世界の小麦需要は2020年代半ばには8億トンを超え、食生活において需要の高い食料であり続けることに言及した。需要と供給があまりに接近してくると、小麦の複数の利用法の間で調整が必要になる可能性も出てくるだろう。現在すでに支配的な食用の用途は、より多数の人口を養うために、将来はほとんどそれだけになるかもしれない。

シベリアは将来の穀倉

すぐにというわけではないが、ロシアの広大な領地シベリアにおける農業・小麦生産の発展の条件はそろっている。地球温暖化はシベリアの新たな土地の耕作化に有利に働き、21世紀後半の世界の穀物地図上で重要な地位に就く有力な候補地になりうる。ウラル山脈から太平洋にかけての南シベリアは季節によって6℃から9℃も気温が上昇し、降水量もかなり増える。ロシアはそうした気候の予測に対し、人口は少ないが地球上で最も広い領土の一つ、シベリアに投資するのをいとわないだろう。ロシアの品種改良の遺伝子研究は進歩しつつある。その研究は、長期的に世界の小麦大国として君臨することを目指したロシア政府の戦略的意図に含まれる。小麦大国としての地位向上の度合いは少なくないと予想される。西シベリアと中央シベリアで耕作地を2億ヘクタール増加できる可能性があるからだ。[3] そうなると、穀物生産はかなり飛躍する可能性があり、世界の小麦の生産と輸出の統計を変化させることもありうる。つねに長期的視野に立つ中国は、シベリアで起きていることに興味を持たないはずはない。その意味でも、一帯一路のルートは、シベリア鉄道の近代化についてのロシアと中国の協議と同様、軽視できない。

とはいえ、こうした展望には、シベリアの自然の複雑さや、ロシアの発展の道筋に影響すると思われる制約も考慮に含めるべきだ。シベリアの気温が上がれば、永久凍土に閉じ込められているメタンガスや二酸化炭素の放出にロシアや世界がさらされる。この問題は、不利な緯度や気候によって生じる土地や生産性の喪失を補完するような農業の解決策がもたらされる可能性のある他の地域――カナダやグリーンランド北部など――にも存在する。

リスクに適応し、リスクを先取りする

地球温暖化に農業を適応させないなら、小麦を含む主要作物の生産性は大きな影響を被るだろう。しかも、予測された気候変動の一部は、場所や時期によってはすでに現実のものとなっている。2022年に歴史的な干ばつに見舞われたヨーロッパはそれに異議を唱えるものではないし、問題は今世紀のもっと先になってからだと考える傾向にあったにもかかわらず、多くの人が気候問題の緊急性を納得するようになったのだ。いずれにしろ、気候変動の影響は地域によって非常にさまざまであり、プラスとマイナスの影響を考慮して包括的に考えなければならない。たとえば、気温や湿度の上昇、二酸化炭素利用の可能性の増大によって、ある地域で生産性が上がることもある。これは緯度の高い地域の場合だろう。さらに、ある地域が干ばつや洪水に大きな影響を受ける場合は、それよりましな地域が市場に供給して、ある意味で他の地域の生産低下を補完することができる。国際取引は、国内需要に応えるに十分な小麦の量を生産できない国の不安定さを軽減することができる。輸入国はすでに輸入への依存が増しているのだから、その不安

定さは生産地域に発生する気候問題によっていっそう深刻になりうる。将来、気候が不順になればなるほど、小麦の世界市場における不安定さは増す。当然、小麦の値段は――したがってパンの値段も――上昇する。輸入国は三重に気候変動の犠牲になるだろう――国内耕作の生産性の減少、供給先の国の気候不順、国際市場のヒステリックな動きだ。したがって、多くの国で国内外の衝撃に敏感になる可能性が大きい――とりわけ国内と国外の衝撃が重なる場合は。しかし、過去も現在も社会の最貧困層が主に影響を受けるのだから、社会的脆弱さには大きな差異がある。したがって、小麦における相互依存の実情を世界規模で分析することが重要だ。その相互依存とは、事業者間の過度の競争がないことを意味するのでなく、ある地域は農業や特殊な耕作において利益を受けることができたり、年によって生産性が大きく変わったりするために、気候変動が世界中で一様には表れないことを示している。

　地理的な条件や穀物のバランスにおいてすでに脆弱ないくつかの地域は、極端な気象現象に最も影響を受けるだろう。とりわけ、北アフリカと中東だ。気候変動に関する政府間パネル（IPCC）によると、これらの地域の気温上昇は世界で最も大きい地域に含まれ、対応策がなければ耕作の生産性は大きく低下する可能性がある。気候問題により発展がにぶり、いくつかの部門の持続性が脅かされているこの地域の国々では、すでに経済的影響は大きい。[4] 資源（水、土地）や食料へのアクセスに関する不安が高まり、「環境移民」が地方から都市への移民に加わり、都市部のリスクと社会的・政治的な不安定に拍車をかけるようになるだろう。[5] こうした気候と食料面、地方から都市への移民、地政学的な不安定さが組み合わさったのがシリア紛争のケースだ。

肥沃な三日月地帯は昔から気候上の制約に慣れていたが、シリアは２００７年から２０１０年にかけて記録的な干ばつに悩まされた。とりわけ土地が農業に最も適した北部でだ。しかも、肥料の高騰と、政府の水の汲み上げ管理悪化が重なって、農業に壊滅的な打撃を与えた。その3年間で生産は30％減少した。不作により農業生産者の収入は減少し、30万人の生産者が家族とともに耕作を放棄して——とりわけデリゾール地方で——よりお金になる仕事を求めて都市に出た。推定で１００万人以上のシリア人が不安定な都市周辺に押し寄せたという。このような気候の危機と社会的・政治的影響が、今もシリアで続いている内戦の発端となった２０１１年の「アラブの春」の原因の一つだったのは確かだ。もちろん、それが唯一の原因ではないが、人々の怒りを煽り、貧富の差を広げ、不安定さを助長した要因から外すことはできない。[6] より一般的に言っても、長い歴史のなかで、気候、飢餓、食料危機と社会的・政治的不安定さはつねに密接な関係があった。[7] 今も昔も経験してきたこの事実は、近い将来でも遠い将来でも切り離して考えることはできない。

気候問題に対する農業の解決策と小麦

２０１５年に国連で採択された「持続可能な開発目標（ＳＤＧｓ）」は、農業と食料に関する戦略的側面を持っている。なぜなら、その目標のうち2つは農業と食料に直接関係している（目標2の飢餓との闘い、目標12の責任ある消費）ことに加え、この目標リストはあらゆるテーマ（貧困、水、女性の権利、革新、インフラ、エネルギー、海洋、森、平和、司法と公正など）において農業と食料は多少なりとも関連しているからだ。したがって、ＳＤＧｓの中核にある農業と食料部門がこうした移行の動きにコミットすることは不可欠だろう。農業・食料部門の重要性、それが提供できる解決策から考えると、「アジェンダ」[8]［国連の２０３０アジェンダ「我々の世界を変革する持続可能な開発のための２０３０アジェンダ」］の成功は農業・食料部門によるところが大きい。この挑戦の実現に投資しないこと、農業・食料部門が実現できることに信頼を寄せないのは実に不利益なことである。あまり知られていないが、最も確かな例の一つは、炭素の蓄積に関することだ。ほかのあらゆる生産活動に比べて農業の特異性は、光合成によって大気中の二酸化炭素を吸収することである。実際、植物の栽培は空気中の二酸化炭素を吸収し、バイオマスを生成するために太陽エネルギーを利用する。１ヘクタールの小麦は、生産のために排出する二酸化炭素の４～８倍の量を吸収する。アルヴァリス研究所［穀物、ジャガイモ、麻などの生産者が運営するフランスの農業技術研究所］の試算によると、フランスでは、大規模栽培［穀物、油脂植物、豆類など］は耕作地において二酸化炭素を年間およそ２億５０００万トン吸収するという。これは生産のために排出される量の10倍にあたる。炭素は土壌の肥沃さを向上させる主な有機物である上、二酸化炭素の蓄積は気候変動の緩和に貢献する。農業と炭素の相互作用、そして適切な実践により気候変動のための移行に貢献する手段、農業経営の環境への影響を測るための計算方法の定期的な更新についての科学分析が進んできている[9]。

イノベーションと論争

科学と知識共有の重要性

食料需要の増加と気候変動が進むなか、農業界にもたらされる解決策として、とりわけイノベーションが期待されている。地球と生態系を保存しつつ、一般的には今よりも多く、一部の地域では今と同じくらい生産しなければならない。より多く、しかしよりよく、というのが農業、そして穀物などの大規模栽培のイノベーションの展望だ。こうして、気候変動の課題に対応できる小麦の品種を追求するための世界的な秒読みが始まった。[10] フランスでは、国立農学食料環境研究所（ＩＮＲＡＥ）とアルヴァリス研究所がよく引き合いに出される。この２つの機関は数ヶ年計画を実行するために共同研究することもある。たとえば、新品種を作り出して持続可能で高品質な生産を目指すフランスの小麦業界の競争力を支える目的で、２０１１〜20年に行われた「ブリードホイット」（仏政府の「未来投資計画」の一環で実施）などだ。というのは、フランスも農業に関する深刻な問題を免れていないからだ。フランスは今世紀初めから小麦の生産性はやや停滞傾向にあり、これまで超えたことのない４０００万トンの大台は無理としても、持続的に年間３５００万トン程度を生産できるのか、ということが話題の一つになっているからだ。今日まで行われてきた集約農業モデルは生態系のバランスを損ない、マイナスの影響を与えていると非難されているが、環境を保護しつつ、より少ない自然資源でより多く生産することがこれまでになく重要な今、そのモデルがまさに問題にされている。したがって、「持続可能な集約農業」を促進する穀物生産システムを再検討することが急務だ。気候変動に対応するための小麦栽培の向上と適応の戦略はどういったものか？　現在、相互補完的で相互依存する2つの主なアプローチがある。遺伝子学と農学だ。

遺伝子的アプローチ

小麦生産の持続可能な集約化のための遺伝子的アプローチは、非生物的なストレス[11]（干ばつ、高温など）と生物的なストレス[12]（病気、害虫など）に耐性のある品種を選ぶことである。品種の選択は、同様の生産性で水の使用を減らすため、水の効率性も高める。たとえば、高温でも成長を続け、ずっと少ない水しか必要とせず、乾燥地帯でも生産できるような小麦の栽培品種[13]を見つけることも有益だ。小麦の改良専門家にとっては、遺伝子学やDNAシークエンシング（DNA塩基配列決定）の重要な科学的進歩――とりわけ遺伝子導入、ゲノム解析、ゲノムの働きの理解――が生産性に関する展望を開いてくれる。気候変動ショックをある意味緩和することができる適応柔軟性を備えた新品種が開発されれば、穀物は生物的・非生物的ストレス――とりわけ水のストレス――に対する耐性と適応性を備えるようになり、生産性と安定性を向上させることができる[14]。しかも、塩分の多さや有毒性のために現在は耕作が不可能な土地にも耕作を拡大することが可能になるだろう。

このような品種選抜の新たなアプローチと戦略、それに対応する栽培技術を完成させるためには、研究と科学への大きな投資が必要となる。さらに、植物の多様性の保存も必要だ。多様性は、品種の遺伝子向上のために好まれる遺伝子資源を保持するために不可欠だからだ。実際、追求する品質を有するさまざまな遺伝子を探し、それをかけ合わせたり、向上させたりして害虫や病気に対する耐性、干ばつへの耐性を植物にもたらすことができる。ところが、遺伝学者や選抜者が必要とする素材の多様性は悪化し続けている。たとえば、中国ではこの半世紀で小麦の品種の多くを失った。それらの品種が有していたかもしれない耐性や適応性の喪失である。そうしたことを防ぐため、ノルウェーのスピッツベルゲンの永久凍土層にあるスヴァールバル世界種子貯蔵庫の遺伝子バンクが世界の食用作物のすべての種を保管し[15]、遺伝子の多様性を守っている。これら何千ものゲノムの保存は、気候変動によりよく適した品種の研究にとって必要不可欠なものだ。そのため、遺伝子的アプローチは気候問題や人口増加に対する人間と科学の潜在的な回答となりうる。それが20世紀後半の劇的な生産増加を可能にした主な方法だったし、違いはあるものの1万年前に農業が現れて以来の方法でもある。また、非生物的ストレスを緩和し、気候変動にともなう病気や害虫の再発と闘うための、経済的で環境を尊重した方法でもある。

農学的アプローチ

持続可能な集約化を目指す小麦栽培の農学的アプローチのほうは、気候変動の影響に対抗して生産性を維持または向上させるため、革新的な手段や方法を採用することにある。たとえば、暑さが厳しい地域では生産者が夏季の収穫減を避けるために耕作の時期をずらすことなどだ。農業部門への投資が大きい国では、穀物生産者はさまざまな決定を容易にするために最新テクノロジーをより多く使うようになっている。今日、人工衛星やドローンはセンサーや測定器を搭載して広い面積を監視できるようになった。こうして、作物の健康状態、窒素栄養の状態、収穫に被害をもたらす可能性のある害虫の存在について、生産者は情報を得ることができる。また、位置情報（GPS）付きの農業機械に搭載されたソフトウェアにより、インプットの使用を必要な場所と量に制限したり、農地の利用をよりよく管理することが可能になっている。これらは進化する精密農業のカギであり、技術的解決策と同程度のノウハウを必要とする。

発展途上国でも、農業生産者は気候問題に対して工夫に富んだ解決策を適用している。点滴灌漑（ドリップ灌漑）やスプリンクラー灌漑などの水を節約する灌漑システムはその一例だ。発展途上国の農業生産者にはまだ入手が困難な遺伝子やデジタル・イノベーションが盛んになる今の時代、先進国と発展途上国のあいだではよけいにその格差は広がる。その理由は、経済的なものだけでなく、生産と農業管理の近代化が浸透しにくい土地ではそうした手段の入手が難しいからだ。近年、ヨーロッパでは穀物生産が停滞したが、発展途上国の一部――人口増加の勢いは最も大きい――では減少した。将来、発展途上国の需要に応えられるように生産を促進するには、国際的な協力や投資が必要だろう。同時に、気温が高い地域由来の小麦の品種が温暖な地域にどのように少しずつ導入され、環境変化のもとで穀物の耐久性にどのように貢献するか[16]を注意深く吟味するべきだろう。こうしたさまざまな課題に対して、経験の共有や情報の伝播《でんぱ》が今ほど重要なときはない。21世紀は、イタリアの農業経済学者コジモ・ラシリニョーラが唱えて普及させた表現によると「知識の浪費[17]」に対する全面的な戦いの世紀になるはずだ。

追求すべきゲノム学的展望

このような考慮に照らして、農業と科学の相互作用についての論争に問題を投げかけるのがふさわしい。遺伝子組み換え作物の栽培はヨーロッパでは大きな議論になったままだが、人口増加や地理的な制約による困難さの解決策を模索する世界のほかの地域では進展があることに言及すべきだろう。すでに地球上の耕作面積の10％――28ヶ国――では遺伝子組み換え種子を使って栽培されている。まずトウモロコシが他を大きく引き離してトップだ。遺伝子組み換え小麦は開発が遅れている。小麦のゲノムは非常に複雑で、ほかの作物ほど研究が進まなかったためだ。アルゼンチンが最近、ＨＢ４という遺伝子組み換え小麦の実験場になっていることは本書でも触れた[18]。この品種は２０２２年の収穫が初めて市場に出回ったのだが、干ばつに耐えるヒマワリの遺伝子を持っている。食料と気候問題に貴重な回答をもたらしたのではあるが、この科学的成果はアルゼンチンの穀物業界の関係者ばかりでなく、農学研究の枠組みと生物の自然なサイクルの尊重を擁護する人たちに問いを投げかけた[19]。２０３０年頃には、少数派ではあるがかなりの部分の小麦が遺伝子組み換え作物になるのだろうか？　現時点ではわからない部分が多いが、多くの関係者の関心は高く、小麦の地政学の分析において今後数年間に大きく変化する要因の一つになる可能性がある。いずれにしても、品種の改良が主要な課題であり、遺伝子導入がハイブリッド小麦と同じ資格で品種改良の方法になりうることを強調するべきだろう。

注視すべき大きなイノベーションの一つは、新ゲノム技術（ＮＧＴｓ）だ[20]。生産性と持続可能性という農業の二重の課題に対する希望の星として多くの科学者はとらえているが、ここでも、農業部門は研究の進歩から解放されるべきであり、生物を操作すべきでないと考える人たちの批判もある。この「遺伝子のハサミ」と呼ばれるゲノム編集の技術はごく最近のもので、この発見でフランス人研究者エマニュエル・シャルパンティエ氏が2020年にノーベル賞を授与された。この技術はある特殊な性質（たとえば干ばつや害虫への耐性）に関係のあるゲノムの場所を非常に対象を絞った精密なやり方で編集することを可能にする。ある意味では有利な突然変異を作り出すことである。この方法だと、遺伝子導入（たとえばニンジンの遺伝子をトウモロコシに導入するなど、自然界ではありそうにないこと）を使った多くの遺伝子組み換え作物のように別の植物種の遺伝子は追加されない。この方法によって作られた新品種は、植物の繁殖や生涯のうちで偶発的に起こる数多くの突然変異によって自然に発生する――したがって伝統的な品種選別の基本である――可能性がある。新ゲノム技術は選抜の仕事の偶発的な面を取り除き、かなりの時間の節約を可能にする上、全体的な効率性を上げることができる。偶発的な交配の場合は、求める性質の発現を可能にするものの、しばしば別の性質を失うことがあるからだ（たとえば、害虫への耐性を得る代わりに、生産性の可能性を失うなど）。新ゲノム技術は的を絞れるために、こうしたデメリットを回避することができる。このように、新ゲノム技術は遺伝的変異性を作り出し、遺伝子決定論［遺伝子が形質を決定するという考え方］の理解を促し、新たな品種の開発に必要な時間とコストを節約する。新ゲノム技術の信奉者は同技術を、植物の選抜を加速させ、生物的・非生物的ストレスへの耐性をより容易にもたらしたり、生産物の栄養価を向上させたりできる、開発が安価で簡単なツールとみなしている。[21]

ところが、イノベーションには避けられないリスクをともなうことから、世界の反応はさまざまだ。したがって、世界の農業地図が、ある国とほかの国の進展、つまり科学への社会の容認によって変わってくる可能性は大いにある。[22] アメリカや、とくに中国は新ゲノム技術が提案する非常に広い分野に投資している。EUのほうは2018年、こうした選抜技術には2001年の遺伝子組み換え体指令が適用されると欧州連合司法裁判所が判断した。しかし2021年、新型コロナウイルスのパンデミックの影響もあってか、人の安全への科学の貢献を見直すのに好都合な状況のなかで、欧州委員会はEU法に関する新ゲノム技術の地位についての調査研究結果[23]を公表した。この文書は、EU法はもはや科学的進歩に対応しておらず、司法的なあいまいさをもたらしているとしている。EU委はまた、新ゲノム技術はEUのグリーンディールの目標——2050年にEU経済の脱炭素化を目指す——に沿った持続可能な食料システムに貢献するための重要な可能性を秘めていると指摘した。EUはその後すぐに、EU規則を見直してゲノム選抜技術由来の種子を市場に送ることを容易にする必要性を吟味する協議を開始することを約束した。この協議は2022年夏に終了しており、この件についてのEU政策の変化につながるはずだ［EU委は2023年7月、新ゲノム技術のうち、ゲノム編集と同種・近縁種の遺伝子導入技術による植物の市場投入に関する手続きを規定］。この歩みは、コロナウイルス・パンデミック、EUの境界における地政学的不安定さの認識、そして欧州の農業生産システムを弱体化させる気候変動といった、EUが直面する試練に照らして理解しなくてはならない。もちろん、EUのこうした態度の変化は、遺伝子組み換え指令は2001年のものであり(1990年代後半の議論に基づいている)、その議論はそれより数年前の科学的、技術的知識に基づいたものであるという事実を踏まえている。2001年のEU法は新たな技術をまったく考慮していないものだったからだ。

確かなことは、生産性の向上は、収穫後や輸送中の喪失の減少と同様に、世界の食料安全保障の未来において決定的な要素である。小麦の需要の高まりに対応するには、土壌気候的、地理的な利点を持つ生産地域はヘクタールあたりの収量の限界を超える必要がある。穀物栽培の面積の拡大は年々難しくなっているからだ。北米、ヨーロッパ、ロシア、黒海周辺、そして北アフリカですら、生産性向上の可能性はある。それは政策や農業の構造化、とりわけ研究投資にかかっている。もしある生産国が、ほかの国がイノベーションに投資しているときに農学研究の進歩を放棄するなら、食料安全保障における農業および地政学的な均衡は今世紀のうちに変貌するだろう。将来、生産が活発になる地域は、どこまでテクノロジーを採用するかにかかっている。今世紀中に食糧需要が最も爆発的に増加することが予想され、しかも土地が豊富にあるアフリカでは、バイオテクノロジーを使うことが農業生産を上げるための解決策の一つとして、ますます考慮されるようになるだろう。こうしたイノベーションを考える前に、より効率の高い法的枠組み(家族経営の農家にその土地の使用権あるいは所有権を与える農地改革——つまり投資の利益を受けられ、財産を子どもに相続できる)や、中長期的に取り組める農業政策や、農業分野で働く意志を持ち教育を受けた人材を備えることも必要だろう。時間はないし、リスクは高まる。たとえば、コムギいもち病は1985年にブラジルで発見され、南米で数百万ヘクタールに広がり、その後

2016年にアジアに渡ってとくにバングラデシュを襲い、アフリカ大陸でも2018年からザンビアで確認された。この糸状菌による小麦の病気は、感染した種子、耕作のくず、胞子が媒介となって伝播するが、胞子は大気中を長距離飛ぶことができる。感染すると、生産性の喪失は非常に大きい。ヨーロッパもこうした菌から安全圏にいるわけではない。しかも、将来の一連の農業テロリズム[24]によるこの種の病気を過小評価してはならない。

エネルギーに関する論争とバイオエコノミーの道

イノベーションと論争の間にあるもう一つのテーマは〝エネルギー耕作〟だ。現代の世界の農業はますます多くのインプットを使い、エネルギー消費が多い部門だ。したがって農業は多少なりとも石油情勢につながっており、地政学の影響下にある。国際市場の小麦価格は、原油価格が上がって、その結果海上輸送費も高騰すれば上昇する（それが2008年の世界的食料危機の際に起きたことだ）し、あるいは天然ガスの価格が上がれば、自動的に肥料の価格も上がり、農業生産コストも上昇する（2021年から起きている現象）。したがって、化石燃料の価格と穀物の価格には非対称で深い関係がある。化石燃料の価格が上昇すれば、穀物の価格も上昇するのだ。

サトウキビとトウモロコシは、とりわけアメリカとブラジルで、エタノールを製造するのに使われる主な農産物だ。植物性油脂と動物性油脂（新油あるいはリサイクルされたもの）を原料とするバイオディーゼルの状況はもっと複雑である。状況は主な生産国（アメリカ、ブラジル、アルゼンチン、EU）によってかなり異なる。ブラジルとアルゼンチンは主に大豆油を使い、アメリカとヨーロッパでは植物油と動物性油脂を混ぜて使うため、より複雑である。バイオ燃料の分野は、主にバイオ燃料の化石燃料への混合比率の規定を通してかなりの公的支援を受けており、エタノールやバイオディーゼルを生産するための原料の種類は、その価格と混合割合によって変化する。EUは燃料にバイオ燃料（エタノールまたはジエステル）を混合する割合を7％と規定している。EUの農耕地の3％近くが現在、バイオ燃料を生産するために使用されている。そのうちエタノール製造向けの小麦は0・7％で年間360万トン、EUの小麦収穫の3％弱に相当する。使用されるテクノロジーによると、小麦のエタノールは、同量の石油の消費に比べると、温室効果ガスの正味排出を70％減少させることができる。こうした状況にあって、EU諸国の気候戦略におけるバイオ燃料の位置について問いかけずにはいられない。EUはその政策により、経済の脱炭素化を促すことのできる燃料を供給するため、また、一次産品の再利用を促す経済を優遇するために、植物の生産を促進している。さらに、バイオ燃料の生産部門は畜産にも有用な「連産品」［同じ原料と工程から主、副の別なく同時に産出される生産物］を作っているのだ。

農産物の非食料利用について問いかけ、食料使用とエネルギー使用の均衡の問題を吟味することは道理にかなっている。ましてや、2008年や2022年のように世界の食料問題の危機が生じると、すぐにバイオ燃料の禁止問題が話題に上る。バイオ燃料の生産に穀物（あるいは油糧作物）を使用することを一時的に制限あるいは禁止することで国際市場の緊張を和らげることが、一見すると最も効率的であるように見えるだろう。しかし、そのようなアプローチは吟味する価値がある。関係するいくつかの部門（畜産、製糖）のバリューチェーンが生産コストの面で、またエタノールやバイオディーゼルの国際取引における代替物の面で、マイナスの影響を受けるからだ。こうしたことから、アメリカ（世界の50％のバイオ燃料を生産）やブラジル（同30％）の状況と、それとは非常に異なるＥＵの状況を明確に区別することが大事だ。農業と食料の転換は、必要性、需要および、「食料／エネルギー」関係のコストすべてを含めたファクターを考慮に入れなければならない。第２世代、第３世代のバイオ燃料への移行は加速されなければならないし、脱炭素化のイニシアティブと並行して実行されなければならない。こうしたことはすべて、農産物の食料利用とエネルギー利用の補完性を考えて計画・実行されなければならない。たとえば、すでに述べたが、小麦は70％以上が直接、食用に使われ、20％が飼料用である。また、農業活動はエネルギーを大量に消費するが、昔からエネルギーを作り出してもきた。バイオガス製造のためのバイオマス（メタン発酵により）、暖房（木、わら、麻、断熱材）、家畜の飼料などだ。小麦の一部はデンプンをベースにした生物由来の製品となり、石油由来製品の代替物になりうる。フランスでは、年間国内生産の７％にあたる小麦２５０万トンがデンプン産業に回される。デンプンはバイオケミカル、革新的な建設資材、製紙、あるいはバイオプラスチックなどの生物由来の製品の製造にも使われる。このように小麦やトウモロコシなどの再生可能な原料で造られた袋類や容器は数週間で堆肥化できる。以上のことから、農業の別の側面が見えてくる。食料を提供するだけでなく、エネルギー移行や経済発展における脱炭素化の解決策をもたらす側面だ。

それに加えて、もう一つの戦略的側面が付け加わる。化石燃料がなくて農業のキャパシティの大きい国にとって、バイオエネルギーは、ある国々や地域の弱体化のために石油や天然ガスの力を時には利用する傾向にある輸出国に対して、依存を減らす手段になる。その上、エネルギーへの利用は国内農業の販路を多様化し、耐久力《レジリエンス》を強化する。したがって、農産品のエネルギー利用はある意味で国のエネルギーと産業の主権に貢献する。将来の小麦の展望を考える際、必然的にエネルギーも考慮される。食料、エネルギー、気候の3つが、21世紀の地政学がよって立つところの中核戦略になるだろう。われわれは、石油だけに、1950年代にアメリカの地質学者・地球物理学者マリオン・キング・ハバートが予測したような石油生産のピークの存在にとらわれたままでいるべきなのだろうか？　この点ではどれほど石油が小麦よりも強迫観念になっているかがよくわかる。石油と小麦は比較できない一次産品だが（化石燃料最終製品と農産品）、前者が資源枯渇と代替物を見つける必要性の分析につねに取り上げられるのに対して、後者、より広く言うと穀物は食料安全保障と世界の安定のために不可欠であるにもかかわらず、ほとんど取り上げられない。石油と天然ガスは国際関係や貿易の一部分を支配し続けている。しかし、農産物や小麦には同等の重要性はないのだろうか？

＊＊＊

こうした気候変動、科学的進歩、エネルギー論争といったものは多次元的で、非常に多様な地政学や社会的・経済学的な現実として表れている。この理由からも、食料の安全保障面の国際協力はたやすいものではない。世界中で課題は同じではなく、利害もしばしば異なっているからだ。小麦は、世界で連帯的な主権の強化が叫ばれるテーマにもかかわらず、多国間主義を推進することは容易ではない。

第7章

小麦外交——継続、調整、対立

世界の食料問題が再浮上してきた。2007～08年の食料危機は、懐疑的な人たちにも農業の戦略的側面を思い起こさせた。2010～11年の危機は世界の金融不安によって引き起こされたが、つい最近のコロナウイルスのパンデミックやウクライナ戦争による危機は農業・食料問題の現代的重要性を強調する。この問題では、世界の地政学の舞台を揺るがす対立と同様に、多国間主義はほとんど進展していない。

農業の復権

世界の戦略的状況

1990年代初め、冷戦が終了し、アメリカ主導のイラクへの介入［湾岸戦争］が終結した後、ある人々は世界の新秩序や、『歴史の終わり』で示されたような〝平和の配当〟［冷戦終了により、国防費に充てていた資金を経済や開発援助に充てるべきという議論］を提案した。他の人々は、農業部門は発展する国を表すものではなく、テクノロジーの進歩が経済成長の主な原動力となるようなサービス経済の可能性を考慮しつつ新世紀に入る準備をするほうがいいと説明する傾向にあった。30年後、こうした姿勢はすべて木っ端みじんに吹き飛んだ。社会的・政治的ダイナミズムは驚くほど激しく、不安定だ。国家間の紛争の数は近年では減少したが、暴力は多くの国や地域で増殖している。同様に、生活条件や自由の向上が普遍的な希求であっても、それに到達するモデルは均一ではない。民主主義はもはや進展せず、ある地域では後退している。つまり、実にさまざまな政治体制が世界を形成しているのだ。こうした分裂は経済分野での多極化とともにくっきりと浮き上がり、大きな人口と多数の資源を持つ野心的な国々の出現とともに強まっている。中国が牽引役となり、アジア、アフリカ、南米、中東の国々が産業、金融、科学、文化の力のヒエラルキーを覆そうとしている。それらの国々は最近では成長が鈍化しており、国内の社会組織面で否定できない困難に直面しているとはいえ、世界貿易の地図と国際関係を塗り替えたのは確かだ。しかも、多国間の交渉で自分たちの地位や利益を果敢に擁護している。こうして、世界の重心は移動した。欧米諸国はもはや権力を独占していない。しかも、ほかの大国も欧米の貪欲さに異議を唱えている。民主主義や欧米の価値に反感を隠さないロシアはその例だ。最近ではコロナウイルスのパンデミックによって、グローバリゼーションの地域化が進展している。ＥＵが世界で最も古く、最も進展した政治的、社会的、経済的統合のモデルではあるが、北米は北米自由貿易協定（ＮＡＦＴＡ）のもとに組織化し、メルコスール（南米南部共同市場）は南米諸国を動員し、アフリカは大陸内の自由貿易地域（アフリカ大陸自由貿易圏：ＡｆＣＦＴＡ）をスタートし、アジア・太平洋地域の主要15ヶ国は２０２０年に世界で最も広域な地域の協定（地域的な包括的経済連携：RCEP）に調印した。ほかにも、お飾りと評されるものも含めて、欧米の大国が計画して作り上げたのとは別の世界、別の地政学的プランにいくつかの同盟が2022年に呼応した。そのうち、上海協力機構（SCO）、BRICSグループ［ブラジル、ロシア、インド、中国、南アフリカ］は単なるマーケティングや金融のコンセプトを超えるもの以上であることは明らかだ。また、農業と食料の問題を反転させるかのように、世界のほとんどの国の政府は、内陸部の田園地帯を軽視して、都市や海岸部に重きを置いていることを認めないわけにはいかない。この優先策は開発の推進力に表れ、世界各地で否定できない社会的不満や、都市住民と農村住民とのあいだの無理解すら引き起こしている。この観点から、地域間の均衡を注意深く見守ろうとする中国の政策の変化を追うのは興味深い。その政策はデジタル監視の強化につながるのではあるが、中国の農村部において持続可能なやり方で生産するために国内農業や自然資源の保存を優遇する戦略にもつながっている。農村部はすでに人口が過剰な東部の都市——そこでは食料の安全保障が社会的平安を保障するために重要である——に流れ込まないように指導されている。以上のような過去30年間の世界の地政学的変遷の概観から、将来ありうる道筋をよく理解するために、2つのことが主に確認される必要がある。それは、経済自由主義は民主主義をもたらさず、経済的な相互依存は平和をもたらさないということが一つ目、21世紀においてすら、食料の安全保障なしには集団的あるいは個人的な安全はあり得ないということが二つ目だ。この2つの確認事項をもってして現代の国際関係の複雑さについて考えなくてはならない。そこには国の増加——国連加盟国は発足した1945年の4倍に増えた——により、2国間の組み合わせや、多国間の協議の時間が自動的に増えることも考慮に入れるべきだろう。物事を決定するのは難しく、意見の一致は弱まる。そこから、相も変わらぬ疑問が生じる。地域的な問題を解決するのに世界的な回答を推進するべきか、あるいは、世界的な課題に答えるために地域的な行動を提案するべきなのだろうか? このジレンマは頻繁で、多くの議論や論争を呼んでいるわりに、集団的な行動はあまりない。いくつかの戦略的な問題が、異なる立場を共同の解決策のベースに集約させることができない現実にぶつかっている。問題を特定することと、解決することは別のものだ。解決策をもたらすべき手段については、ますます見解の相違が目立つ。世界の食料問題――小麦の問題も――を含む地政学的な枠組みもそれにあたる。今ではどの国も一国だけではスケジュールも政策も合意も押し付けることはできないということだ。

農業の見直しが進行している

新型コロナウイルスのパンデミックは国際的な供給チェーンとそこから生じる相互依存の脆弱性を暴露した。多くの国で、保健や食料といった戦略的部門において主権の保障に留意していなかったために、安全が脅かされた。他国への依存は、ある国々にとっては問題、あるいは脅威にすらなり、内向きの姿勢や分裂を助長した。こうした姿勢は国際社会に拡大し、多国間主義が弱まった。食料の安全保障に関する課題は多国間による共同の解決策が必要であるにもかかわらず、個別の競争が連帯的イニシアティブを凌駕《りょうが》したことが明らかになった。こうした世界の分裂とブロックの論理への回帰により、少しずつ対決姿勢が相互依存に取って代わりつつある。[1] パートナーだった国が競争相手になりうる。この傾向はいまだに執拗《しつよう》な資源地政学に表れている。当然ながら、まずはエネルギーが相変わらず渇望の対象となり、国の機関であれ、民間企業であれ、グローバルであれ、ローカルであれ、あらゆる関係者が鋭利な戦略を展開している。しかし、食料——つまり水と土地——、生産手段、市場へのアクセスも、利害の対立や競争が激化する分野である。[2] 農業と食料が地政学に頻繁に関わってくるのは、両者の相互作用が2つの方向を持っているからだ。一つは、農業と食料の不安定さは社会騒乱を引き起こし、人々の脆弱性を助長し、移動を強制し、政治的危機や内戦につながる恐れのある移住や反乱の動きを増幅する。もう一つの方向は、戦争状態は身体的な危険ばかりでなく、影響を受ける住民たちの経済的な不安、食料の不安定さをもたらす。戦闘があるところでは貧困と飢餓も進む。戦闘が長引けば、それだけ人々の不安感を増幅する。こうした背景から、農業は領土の安定性と国際関係にとって今もなお優先されるべき分野であることを示している。近年では世界で農業を見直す動きすら起きている。農業分野で有利な国々の多くは耕作に気を配っている。主権を守るカギとなる要素を保護するだけでなく、農業の潜在能力を国際的戦略に組み込もうということだ。農業に関する多くの「全国会議」が世界各国で開かれているのは理由がないわけではない。農業は国の安全保障を決定する要因になるし、外交の一部でもあるからだ。農業力を持たない大国は稀だ。国内にある農業が十分でないか（肥沃さの問題で）、十分でなくなった（可用性の問題）場合、大国は自国の食料安全保障を外国に確立する。そこには、外注するほうが利益が上がるケースもあるという理由も含まれる。2007～08年の食料危機以降、多くの国は農業とイノベーションへの投資を増やすことを決め、より多く生産し、かつ消費者のニーズに応える新たな作物を作るようにした。今世紀に入る頃、農業部門は過去のものとされたのだが、近年では政治課題のより上のほうにランク付けられるようになったのだ。それは開発計画と同様に政府の行動計画にも盛り込まれている。農業は多数の課題に関わっており、つねに保障すべき食料と人間の安全の要であるという認識が共有されているからだ。

農業の多国間主義が試される

時を超えた普遍的な問い

第二次世界大戦直後、ブラジル人ジョズエ・デ・カストロは『飢えの地政学』[3]と題された研究で大きな反響を巻き起こした。18世紀末に、避けられない食料不安の原因は地理的条件に決定づけられるとしたトマス・マルサスの逆をついて、デ・カストロはアプローチの仕方をひっくり返し、飢餓は政治的な因果関係から生じることを強調するために「人間の貧窮の地理学」に興味をもった。彼の論によると、「食料に関する現象、および悲劇的とも言える食べる必要性ほど、人々の政治的態度に強く影響を及ぼす現象はない」。どうやって家族を食べさせるか？ どうやって国民を食べさせるか？ どうやって世界を食べさせるか？ これは、日常的な問題、絶え間ない不安、時空間を超えて変わらない強迫観念だ。どんな人間も、文明も、政府もこのことから逃れることはできない。これは最も古く複雑な地政学的問題かもしれない。21世紀に入る直前、国連食糧農業機関（FAO）の依頼で作成された未来予測の報告書は[4]、世界の為政者に対して将来の食料安全保障の複雑さを警告した。

需要が大きいために増加する消費（とりわけ都市の）を国際市場に頼る地域と、生産地域との間で、どれほど農産物が対立のもとになるかは、すでに本書で見てきた通りだ。こうした要因は昔からあるものだが、世界の農産物取引を調整することは次第に複雑になってきている。需給を調整することはつねに難しいことだが、それが気候の不安定さに大きな影響を受ける商品ならなおさらだ。とはいえ、農産物価格の不安定さは今に始まったことではない。

不安定な価格

価格変動は17世紀に統計学者グレゴリー・キングによって理論化された。小麦の需要は普遍的であるために、生産量が少しでも変化すると、価格が極端に変動する。小麦の生産量と市場価格の関係を調べたキングは、小麦の価格は不作の年は高騰し、逆に豊作の年には下落することに気づいた。小麦の消費は死活問題であるため、人々はその不可欠な小麦を入手するためにはすべてを投げ出す覚悟がある。経済学者のデヴィッド・リカード、そしてジョン・メイナード・ケインズが二人とも必需品の農産物を研究対象から除外しているのは興味深い。農業分野では、供給は価格が媒介となってゆっくりとしか需要に適応しない。需給の調整がより微妙である場合には、高価格の必然的帰結として価格変動はしばしば起こる。この「高価格」と「不安定」の結合は輸入地域をなおさら不安定にする。生産者にとっては、高価格は僥倖《ぎょうこう》だが、不安定は投資展望に疑問を投げかける。

実際には、農産物の取引は、国家間でも、生産者間でも、消費者間でも、公正なルールには従わない。需給を背景にして、利害だけが安全保障あるいは経済――多極化した世界で合意を得るにはあまりに多くの相違がある分野だ――についての力関係を左右する。多国間主義の必要性が今ほど感じられるときはないのに、食料の安全保障において非常に重要なその問題については効果がないようだ。共通の規則を発展させようとしても、関係国の見解の相違や、すでに本書で基本的な役割を述べた、構造的競争を生む民間部門の強力さにぶち当たる。商業は平和に貢献するというカント的アプローチは、先験的にとくに食料品や農産物について当てはまる。頻繁に対立関係が起きたり、近年のあらゆる貿易交渉で必ず障害となるのは食料品や農産物である。世界貿易機関（ＷＴＯ）[5]のドーハ・ラウンドが農業に関して交渉がストップしたために２００１年以来停滞していることを挙げるだけでわかる。こうした農業問題をめぐる対立が今世紀初め以降の新興国勢力の高まりによって激化しているように見えるなら、冷戦初期の力関係を表現するのにハリー・トルーマン米大統領が言った言葉を思い出すべきだろう。「もしわれわれが農業分野で共通の利害をロシアと協議するとしたら、それよりも政治的な意見の不一致を協議するほうがたやすいだろう[6]」

危機と食料不安

国連とFAOによると、2010年から2020年までの10年間は中程度あるいは重度の食料不安に苦しむ人の増加が顕著だった。世界人口はつい最近、80億人の大台を超えたが、貧富の差と食料へのアクセスの格差のために、8億3000万人が飢餓状態にあり[7]、ほぼ3人に1人にあたる23億人が中程度あるいは重度の食料不安状態にある[8]。こうした悲劇的状況は主にアジア、ラテンアメリカ、アフリカにある。アフリカ大陸では人口が急激に増加し、25%の住民が飢餓に苦しみ、60%が中程度あるいは重度の食料不安に苦しんでいる。世界の食料生産のカロリー総量は一人あたりの数値で見ても過去最高であるにもかかわらず、食料の不平等がどれほど悲惨であるかを認めざるを得ない。食料生産の分布と食料へのアクセスの問題においては、机上の理論は気候、社会・経済的、地政学的な現実にぶつかる。貧困、戦争、気候異変が食料安全保障の問題をますます複雑にしており、それに食料を短長距離で移動するための物流の問題も加わる。一次産品の価格、紛争、移動の制限、政治不安といったものの関係について戦略地政学が警告を発するのは当然なのだ[9]。農産品と食料の価格は、FAOの指数で測ると、2007〜08年と2009〜11年の価格上昇の記録を2022年に超えた。ただし、この3つの時期の外交的背景はまったく異なる。2007〜08年の食料危機は在庫の減少、農業資源の利用競争（とくにバイオ燃料）、農産物の投機という背景によるものだ――農産物投機は多くの純粋な金融ファンドの逃げ場になっていた。こうした状況により、世界市場の食料価格が高騰し、ある種の代替品まで巻き込んで地域や国内の市場にまで飛び火した。この食料価格の危機に、やがてエネルギー価格や全般的な経済危機が加わった。続く2009〜11年には世界的金融危機の影響から一次産品の新たなインフレが起きたが、それはロシアの干ばつによりロシア政府が穀物の輸出禁止を決めたことなど、いくつかの要因が重なったことが原因でもある。いくつかのアラブ諸国は社会的・政治的な騒乱のなか、国際市場の小麦価格の上昇を国内でもまともに被ったのである。

不十分な集団的解決策

このような時代の課題に直面し、G20の政府首脳はフランスが首脳会合議長国だった2011年、安定した強固な経済成長の条件が脆弱なことを予測しつつ、食料不安を食い止める措置が緊急であることを認めた。この会合で以下の5つの提言が合意された。①現物および金融の市場（店頭取引［取引所を介さない直接的な取引］を含む先物）の透明性。とりわけ世界の在庫状態に関する情報の透明性、②市場規制当局が介入したり、ステークホルダーの立場を監視したり、市場の混乱リスクを予測したりできるような手段を含めたよりよい制御および監督、③農業生産および農業生産者の仕事の生産性向上の必要性、④主な国際機関と緊密に協力して世界規模で貿易政策をよりよく調整することの必要性。とりわけ輸出制限に頼らないようにする、⑤多国間主義の解決策を維持する、の5点である。この合意から、農産物市場における取引由来の情報・予想の正確さと信頼性のチェックを目的とした農業市場情報システム（AMIS）、全球農業監視イニシアティブ（GEOGLAM）（収穫予想ならびに気象予想の知識を向上させることを目指す、世界の農業の衛星による監視）、市場危機に適した解決策をもたらすために各国の政治をよりよく連携させるための迅速対応フォーラム（RRF）が生まれた。迅速対応フォーラムは国際機関および、国連の後援で「食料安全保障と栄養に関するハイレベル専門家パネル（HLPE）」に集まる専門家から構成されている。EUレベルでは、欧州委員会の主導により金融市場の透明性に関して大きな改革（金融商品市場指令＝MiFID）が行われたことも付け加えるべきだろう。

近年、地域的な地政学、気候や生産モデルの危機[10]に加えて多国間主義と国際的連帯の後退が世界の食料安全保障に大きな影響を与えているとはいえ、最近の多国間主義的な会合に希望的な兆候をくみ取ることができる。たとえば、2021年9月の国連の持続可能食料システムサミット、2021年12月の国連気候変動枠組条約会議（COP26）、2022年6月の世界貿易機関（WTO）の第12回閣僚会議などだ。コロナウイルスのパンデミック、ウクライナ戦争、激しい気候変動により国際的アジェンダが揺らいだことから、多くの国は農業のような重要部門を協議の中心とし、最低限の国際協力の対象にするべきだと要求している。この観点から、人新世［人類が地球の地質や生態系に与えた影響に注目して提案されている地質時代における現代を含む区分］の力と、農業が果たす決定的な役割をとらえなければならない[11]。さらに、できる限り多国間主義を守り、利己主義的な戦略は避けるべきだろう。歴史が示すように、利己主義は対立や紛争以外の何ものももたらさないからだ。この意味で、ナショナリズムや超地域主義の見方から農業や食料の分野も含めて主権の概念に閉じこもろうとする人がいるのは懸念すべきだろう。現代の世界の課題はより多くの協力と協調を求めている。ところで、世界の安全保障、健康、持続性について語るときは、「孤立するのでなく連帯する主権」と言ったほうがいいだろう。これはフランス人法律家ミレイユ・デルマス＝マルティが強調していることだ。協力、自由、競争、安全保障は組み合わさったり対立したりしながら、イノベーションや統合を生じさせる一方で、排除や保守主義も生み出す[12]。これらの言葉は、現代の国際関係とグローバリゼーションの複雑さを理解するため、そして農業や穀物の分野で起きていることを理解するのに大事なことがわかる。

小麦——戦争と平和のはざまで

世界的な注目を浴びる穀物

世界的に小麦をよりよく管理するという考え方は何十年も前にさかのぼる。この考え方はすでに2つの世界大戦間に芽生え、20世紀後半に少しずつ進展した。1949年、アメリカの主導で、食料危機に陥った国々に小麦の配布を保障することを目指す国際小麦理事会（ＩＷＣ）が発足した。発足時の合意には、小麦価格の安定と輸入国への供給の安定性という2つの柱があった。約束された多国間のアプローチにはもう一つの要素も組み込まれた。小麦の生産と国際取引の統計についての知識を深めることだ。１９９５年、ＩＷＣは国際穀物理事会（ＩＧＣ）になった。その間、理事会の機能は市場の変化とともに進化した。価格が低いときは世界の小麦の管理問題が話し合われる。生産者と消費者にとって価格が妥当なときは、統計問題が議題の中心になる。

小麦市場のカギとなる数字

1973年まで、IWCは世界の穀物取引関係の統計を公表する唯一の機関だった。その後は、アメリカ合衆国農務省（USDA）がこの分野で活動し、ほぼすべての農産物に関する世界的な独自の統計を公表するようになった。小麦に関しては、国際穀物理事会とUSDAの報告書が主要な資料であり、定期的に更新され、世界中をカバーするものである。2011年以降は、これに農業市場情報システム（AMIS）が加わり、世界の穀物の状況についてのデータを公表し、国際的な情報を補完する。フランスでは、大規模耕作、とくに小麦の統計については、公的機関であるフランス・アグリメール［国の農水産物機関］と民間企業のアグリテルが参照すべき情報源になっている。

価格が高騰すると、市場の過熱リスクを抑制するメカニズムについて議論される。この場合は、各国が自国の利害に基づいてとる政策がしばしば優先される。そうなると、ある種の利点はあるが、市場の調整については非生産的な、あらゆる種類の発表につながることもある。一方的な禁輸、疑念をまき散らす矛盾した宣言、必ずしも資金のともなわない野心的な行動計画などだ。

1999年に創設されたG20は、世界的な金融危機を解決し、その方向で世界の新たなガバナンスを描くための推進力が2008年になって発揮された。農産物はその中心課題だった。フランスは2011年に首脳会合議長国として農産物を優先課題の一つとした。こうした姿勢は、地球上で最も力を持つ20ヶ国が世界の農業生産の80%を占めることから考えて必要であり、歓迎すべきものだった。農業市場情報システム(AMIS)の発足によって、データの共有、既存の情報システムの最適化、食品価格の推移についてのよりよい理解の共有、政治的対話が促進された。小麦はその頃から、ローマのFAOに設置されたAMISの対象となる主要産物である。収穫、消費、取引の推移についての情報は、今後の価格を先取りすることに貢献し、市場がより効率的に機能する可能性を与える。逆に情報の欠如、その質や信頼性の欠如は市場の効率性を損ない、価格の乱高下を生む。したがって、AMISの発展は確かな進歩である。市場の関係者にとっては世界的なバランスを理解するための参照ツールというよりは、国家間の協力促進のための媒介という意味合いのほうが強いようだ。AMISのこの政治的・外交的役割は2022年以降は弱まった。自国の統率を取り戻そうとするいくつかの国によってAMISの役割や機能が見直されるような事態になれば、その持続性に多くの疑問が出てくる。あらゆる多国間主義には強国や支配的な国がある。しかし、リーダーシップをとって集団を率いることと、強権的な圧力を使ったり、ほかの関係国を服従させることは別だ。表面的な多国間主義はすぐに崩れる傾向がある。

小麦——ウクライナ紛争と世界の無秩序

2022年2月のロシアによるウクライナ侵攻は、穀物の生産と輸出における両国の重要性のため、世界の農産物市場に莫大なショックを与えた。この紛争の地域的問題については先に述べたので、ここでは地政学、産業部門および時期の観点から、この戦争とそれに関連して起きた事柄の世界的な影響について述べたい。ウクライナは海上輸送による輸出の能力を奪われ、2022年の2月末から7月末まで輸送船はまったく出航できなかった。ロシアの軍事侵攻作戦が始まる前にすでに非常に高価だった小麦の価格は、2022年5月半ばには1トンあたり440ユーロという歴史的な高値となった。その時期は、ウクライナ情勢の行方、そしてインドの小麦輸出禁止宣言のような一連の一方的な宣言により、先行きがまったく見えない時期だった。すでに述べたほかの要素と相まって、世界の小麦市場にウクライナが不在であることが市場を過敏にし価格の高騰を招いた。問題や程度の違いはあれ、世界中が穀物と油糧植物の価格ばかりでなく、肥料やエネルギーの価格の高騰を被り、黒海地方の戦略的作物への依存度の大きさに呆然とした。実際、世界の7億5000万人が2018〜21年の期間にロシアとウクライナから国内需要の50〜100%の小麦を輸入している国に暮らしている。したがって、そうした国々はロシアを批判したり、国際機関や国連での採決で反ロシアの投票をすることを控えた。ロシア政府は天然ガスと同様に食料の武器を振りかざした。ロシアの食料やエネルギー資源の買い手は2022年以降は必ずしも以前と同じではないのだが……。ウクライナ戦争の影響で通常より時間がかかることもあるとはいえ、ロシアは穀物を積載して輸出し続けている。またロシアは、穀物の輸出を同盟国や友好国、つまりロシアのウクライナ侵攻を批判せず、ロシアへの制裁措置を実施しない国に限定することもできると警告することを忘れなかった。つまり、ロシア政府は農業と穀物の問題を〝地政学化〟し、商業を国家管理にし、ウクライナへの「特殊作戦」の正当性についてあれこれ言う国々には農産物の流れが途絶えるという考えを匂わせているのだ。

食料の安全保障に関する懸念は2022年春以降、次第に強まっている。多くの首脳や国際機関のトップが世界的危機や「飢餓の嵐」——アントニオ・グテーレス国連事務総長の表現——などと宣言していることがその証拠だ。それらの人にとっての短期的課題は、すでに存在する不安定要素にさらに輪をかける社会騒乱を避けることだった。しかし、前回の食料危機の際には多国間主義的解決策が追求されたのに対して、2022年の危機ではいくつかのイニシアティブが続いて示されるにとどまった。当時EU理事会の議長国だったフランスはこの問題に関して3月24日には早々と「食料農業強靱化ミッション（FARM）」を打ち出した。これは緊急の連帯的措置、国際取引の維持、持続可能な生産の促進を目指すものだ。しかし、この多国間主義であるはずの措置は資金の問題や他の措置との競合に直面した。G20の首脳会合議長国ドイツが世界銀行とともに2022年5月に提唱した「食料安全保障のためのグローバル・アライアンス」などだ。アメリカは危機への対応としてG20が拠出した45億ユーロの半分以上を負担した。その資金は、世界の食料安全保障のための米政府のイニシアティブ「フィード・ザ・フューチャー」という戦略に参加する強力なアメリカ合衆国国際開発庁（USAID）から出ている。ウクライナの穀物については別の輸出手段が模索された。EUは2022年5月から、域内での穀物の物流を促進するために、陸上輸送による穀物ルートを創設して「連帯レーン」の建設に乗り出した。列車、トラック、川船に積める量はそれほど多くはないとはいえ、このEUの戦略は、ウクライナのEU加盟の展望がウクライナ政府に正式に提案された時期と重なり、ウクライナの農業にいくらかの解決策をもたらしたメリットはあるだろう。また国連も、2022年3月に「食料・エネルギー・金融のグローバル危機対応グループ（GCRG）」を設置し、そこから7月以降、ウクライナの穀物を国外に輸送するための合意を引き出した。紛争勃発以来の第一歩として、国連とトルコの後援により、ロシアとウクライナを結びつけるこの措置は、物流、保健、安全上の一連の困難があったとはいえ、輸送船がウクライナの港を出港・接岸することを可能にした。この黒海の穀物輸送の合意のおかげで、2022年8月1日から11月1日にかけて1000万トンのウクライナの穀物が国外に出た。その4ヶ月の間は、ウクライナからの輸出と黒海の海上貿易の再開に安堵《あんど》した世界市場で穀物価格の高騰が収まった。同期間にEUの「連帯レーン」は1500万トンの穀物をウクライナから輸出させたことを指摘するのは重要で、この対策が経済情勢面でも構造的な面でも有効であることを証明した。実際、2022年10月29日にロシア軍がセバストポリ［クリミア半島］で潜水ドローンに攻撃されたとき、ロシア政府は数日間、4者［国連、トルコ、ウクライナ、ロシア］黒海穀物イニシアティブ合意から撤退することを決め、これを継続しないと脅した［2023年7月、ロシアは同イニシアティブを延長しないと発表］。この合意を再開するにはトルコの外交力が必要となり、ウクライナ戦争に関して、そして黒海の生産地域と世界の輸入地域との穀物貿易に関して、この国の中心的役割が証明された。中国はというと、とりわけ2019年から脱欧米化の目的で中国人がトップになったFAOの分析や提案を支持することで自分の役割を果たすことに骨を折った。

ここで、2022年の食料危機の際、どれほど激しいやり取りが絶えなかったかについて言及すべきだろう。ロシア政府は欧米が制裁によって食料危機を起こしたと非難した。その制裁はロシアおよび、戦争への立場を決めずにとくに自国の利益を擁護し、世界市場から必要なものを得たい国々に影響を与えたとした。このようなメッセージはセネガル大統領のマッキー・サルや、とりわけアフリカ連合が広めたものだ。アフリカ連合は、EUの政策決定者の周辺にとどまりつつ、2022年6月にロシア大統領と会見するためにソチを訪問した。ウクライナ戦争が一連の地政学的再編をもたらしたのは確かである——新型コロナウイルスのパンデミックによって起きた再編の波に乗ったか否かは別にして。この点で肥料の問題は象徴的だ。原料とエネルギーのインフレによってすでに高騰していた肥料は次第にウクライナ戦争で悪化した農業と食料に関する不安の中心になっていった。ロシアは世界中で最も多くの肥料を生産、輸出する国である。窒素、リン、カリウムについてはEUは非常に脆弱で、半分以上をロシア、ウクライナ、ベラルーシから購入している。ウクライナ戦争はヨーロッパ諸国のエネルギー依存だけでなく、肥料の依存も白日のもとにさらした。多くのアフリカ諸国についても同様だが、肥料の使用はそれほど発達していない。一方で、ブラジルの農業は大きく肥料に頼っているため、政府は肥料不足による生産減のリスクを吟味せざるをえなくなった。したがって、ブラジル政府はカナダやモロッコ政府に働きかけて、ブラジル経済の重要部門である農業が毎年必要とする量のカリウムとリンを調達するためのあらゆる解決策を探った。しかし、2022年7月のBRICSグループの首脳会談の際、ウラジーミル・プーチンは将来の肥料の輸出でブラジルを優先することをボルソナーロ大統領に約束しており、ウクライナ戦争でブラジルは中立を守ると発言したルーラ現大統領に対してもロシアの約束が見直される気配はない。これは、ウクライナ戦争の陰で企まれている世界の大きな脱欧米化戦略——すでに数年前から——の一例であるが、この動きにおける農業・食料分野の構成要素が占める重要性を分析するべきだろう。

小麦のガバナンスについて考える

市場の機能（流動、乱高下、投機など）および最も脆弱な国々のための緊急の人道支援に充てられる手段や資金（関係者の役割、役割配分、優先される国々など）のほかに、食料危機が起きると毎回、食料、工業、エネルギーといった農産物の使い道についてだけでなく、貯蔵問題についても議論が再燃する。貯蔵は生産国でされるべきなのか、消費国でされるべきなのだろうか？さらに、小麦市場の瞬間的な動きにあって最も利用され最も信頼されるデータは公共部門にはなく、民間の穀物会社や商社のデータベースが持っている。収穫、商取引の流れ、将来の需要についての真の知識を握っているのは、それらの企業だ。同様に、理論的には望ましく思える世界のガバナンスの問題は、正確には何を統制すべきなのかという単純な理由により困難なように思える。小麦は、単に需要と供給の関係だけで調整される作物ではない。事実、気候の要因は重要であり、それは当然、市場に影響を与え、基本的に制御することはできない。一つの方法は、気候条件に起因する市場の混乱を和らげ、社会的・政治的な騒乱を防止するために緩衝在庫——または緊急在庫――を設置することだろう。しかしながら、在庫問題についてすでに述べたことに加えて、3つの厄介な問題が浮上してくる。まず、緩衝在庫の設置にだれが資金を出すのか？　次に、だれがその維持と保護を担うのか？　最後に、だれが在庫の放出を決めることができるのか？　しかも、小麦と国際機関の時間の流れは同じではない。そのことがあらゆるガバナンスを非常に困難にする。事実、小麦の生産に関する情報のスピードは、気候要因とその市場への影響の即時性のために著しく速い。逆に、あらゆる国際機関はある状況に対応するのに時間がかかり、小麦のような場合はすぐに古臭くなってしまう。国際機関が問題を吟味しているうちに、市場はすでに影響を受けているのだ。

世界規模の小麦のガバナンスよりも、いくつかの組織が市場を調整する役目を負う地域的なアプローチのほうがいいだろう。たとえば、EUの共通農業政策（CAP）のように、ある組織が地域内の農業を発展させるために域内の最低価格を決め、輸入を調整するために最高価格を決めることができる。こうした内部的備蓄は余剰分や不足分を管理するのに役立つだろう。そうすれば、該当する関係者をいくつかのバランスのとれた地域的市場（アフリカ、ヨーロッパ、アジア、アメリカなど）に限定することができるかもしれない。小麦の世界的ガバナンスはまだ2022年段階ではユートピアにすぎない。現在の農産物の世界市場はグローバル化されているとはいえ、均一な総体ではなく、物流インフラのネットワークやITによってつながっている多数の小市場の総計である。ほかと切り離されたゾーンとは、売り手を見つけられない生産地、あるいは食料にアクセスできない住民のことだ。商取引や市場の再均衡メカニズムは適切な物流システムなしには機能しない。最近の小麦価格の危機（２００７～08年、２０１０～11年、２０１２～13年、２０２１～22年）は供給チェーンを強化する必要性を浮き彫りにした。均衡がますます難しくなり、需要に対して供給が比較的弱くなっているため、集荷される地域の小麦をいいタイミングで消費の中心地に移動させること、つまり余剰のある地域から需要が国内生産能力を超える地域に輸送する経路がスムーズでなければならない。この課題はおそらく来たる数年のうちにますます重要になってくるだろう。世界の穀物の需給バランスを調整するために国際取引の役割が増すからだ。国々はますます相互に依存するようになるだろう。輸出する国は競争の激しいシステムのなかで買い手を見つけなければならないし、輸入が必要な国は供給をさらに安全化（規則性、品質、支払い能力、インフラ）しなければならない。こうしたことすべてに気候問題も加わり、年によって大きく異なるリスクと蓋然性を増幅するのである。

穀物の可用性（アヴェイラビリティ）という別の角度から世界のガバナンスの問題を考えると、農業生産者の活動を促進するために安定した状況で生産できるような条件を作ることについて吟味するという方法もあるだろう。農業の発展に不可欠な条件の第一は、長期にわたって投資できる条件を与えること、数年かけて土地の質を向上させることだ。投資レベルからすると、穀物栽培は労働者一人あたり最も資本投資を必要とする分野の一つである。土地と機械類のコストが長い支払期間でしか償却できないからだ。まず、生産者は融資の際に土地が担保になるために土地を所有する必要があること、そして少ないリスクで長期間の投資に踏み切ることを可能にする、利益の上がる価格を保証することだ。食料のよりよい世界ガバナンスを模索するなかで、小麦の生産性を向上させるための研究の問題もある。2011年のG20の舞台裏では、種子業界や研究者を含めて、小麦業界の立役者を結集するコンソーシアムが創設された。そのコンソーシアム「小麦イニシアティブ」［小麦の国際的な研究取り組みを調整するための国々、研究機関、企業の共同事業体］は、将来の気候条件に適応する新種を見つけるのが緊急課題であるのだから、なおさら大きな存在価値がある。

こうした動きは、一次産品のコントロールをめぐる競争と覇権争いに特徴づけられる世界情勢を反映している。ほかの食料品とともに穀物は資源地政学の中心にある。一方で、多国間主義は苦境にある。[13] 地域内の需要に応え、世界の小麦市場への依存を減らすためには当然その地域内でより多く生産できるようにしなければならないだろうが、こういう主権を求めるやり方には、包括的で実用的なアプローチが必要だ。国内の収穫が十分でないなら、地域の需要に適合し、かつ力関係の面でもバランスのとれた規則的な供給を保障するような貿易戦略を確立しなければならない。これが小麦という不可欠な作物のパラドックスなのだ。小麦は、現在のところ生産が増加し続けているグローバル化された商品であるが、他方では収入にばらつきのある何十億という人々のための貴重な商品だ。[14] そこに個人にとっての不安と将来への不安がある。つまり、小麦不足の問題より前に、小麦を物理的、経済的、定期的に入手できるかどうかという問題がある。世界で大量の小麦を生産する国は少ない。それらの国の責任は重い。それらの国々はこの不可欠な作物をめぐる戦略的態度によって世界の安定と平和への貢献を表すことができる。逆に、小麦を手段として使ったり、悪意を持つ国は競争相手を弱体化させたり、ほかの国を制裁したり、領土を隷属させたりするための武器として小麦を使うことができる。また、未来を予測するとしたら、近年の小麦に関する世界の大きな変化の一つは、中国政府が国営企業、中糧国際の発展によって供給戦略を「中国化」していることであり、それだけ中国とアメリカの競争が激しくなるだろうということだ。同じように、ロシア政府も穀物事業の「ロシア化」に全力を尽くしている。小麦の遺伝子学、ロシア小麦を輸出するためにデメトラ社によって展開される陸上・海上の穀物輸送ルート、国営銀行VTBが提供する融資枠などだ。そして、欧米の競争相手にダメージを与えようと国際的な陰謀をめぐらせているかもしれない。

＊＊＊

世界の地政学的、地経学的な変化は、国際関係における小麦の戦略的重要性や世界の安定と不安定における小麦の役割を変えてはいない。コロナウイルスのパンデミック、ウクライナ戦争、中国のグローバル化および気候変動における移行や適応の課題は、世界の見方についての大きな相違や、ある種の依存の危険性を暴露し、ある意味で地域的なリベンジを表している。解決すべき問題の複雑さに対し、世界はこれまで以上の連帯と協力を必要とするだろう。ところが、連帯と協力は現在の傾向ではない。こうしたことを考慮しつつ、フランスについても考えていかねばならないだろう。その小麦は単に農業活動の一部門である以上の性質を帯びているのだから……。

第8章

小麦はフランスにとっての戦略資源

今世紀初め以降、農業が国際戦略の表舞台に上がってきたわけだが、小麦の力は完全なままである。いくつかの穀物大国はグローバリゼーションにおける小麦の力を維持あるいは強化するために自国の政策を調整している。逆に、ますます外国からの供給に頼る多くの国々は、信頼できる供給国からの輸入の安全化を図っている。こうした状況にあって、フランスは無関心ではいられない。小麦はフランスの歴史と地理の不可欠な構成要素である。しかも、国の経済と領土にとってだけでなく、影響力と外交の切り札である。フランスを取り巻く地政学をめぐって、また国力について展開すべき新たな道筋をめぐって多くの疑問が浮上するなか、そのことを意識しなければならない。

小麦はフランスの黄金の石油

1973年の世界的な経済危機と石油ショックの際、一つの政治スローガンが合言葉になった。「フランスには石油はないが、アイデアはある」。フランスに石油がないのは事実だが――エネルギー需要のために原子力を選んだ理由の多くを説明する——もう一つの一次産品がある。小麦だ。その栽培は20世紀後半に発展した。

小麦の力を認識する

フランスにおける小麦の政治的側面には古い歴史がある。中世の十分の一税、フランス革命、2つの大戦など、一部はすでに述べた。19世紀、年間生産量は1815年の400万トンから1885年には1000万トンへと少しずつ増加した。それは耕作地が500万ヘクタールから700万ヘクタール——この値は今後も決して超えられることのない最大値だ——に増えたためである。この時期は技術が不十分だったために、生産性の変動が激しく、年や地方によって大きく異なった。第2帝政［1852～70年］の自由貿易政策により、外国からの輸入の道が開け、年間100万トン以上の小麦が輸入された。第3共和政下［1870～1940年］になってからは人口増加のために輸入が増加した。全体的にはフランス人の食料事情は向上し、食料不足は解消し、白パンが以前より頻繁に食卓に上るようになった。19世紀末には、市場開放と国内生産優遇のあいだの妥協策が、強い農業と保護される農業の支持者であるジュール・メリーヌ［農業相など歴任］の推進によって確立された。[1] 2つの世界大戦とその経済、国土、社会への影響により、その後の状況が変わった。1000万トンを超えた1907年のあと、小麦生産は下降し、その数字を超えたのは1954年になってからだ。

1943年、モーリス・ボーモン教授は次のように言った。「歴史を遠くさかのぼっても、小麦市場を組織する努力をしない国はない。これだけ多くの法律や規則を生んだ産物はない」[2]。この観察はフランスにも当てはまり、第二次世界大戦終戦時にも有効だった。当時、農業は国の再建に重要な役割を果たした。フランスはヨーロッパ大陸における地位を回復するために農業部門に重きを置き、生産機構を再開させ、欧州共同体の計画を育てるための共通農業政策（ＣＡＰ）の創設のために運動した。それに先立つ戦後の優先課題は国民を養うこと、その食料安全のために不可欠な業界再編をすることだった。フランスはパンの配給をよりよく組織するために１９３６年に設置された全国小麦事務局（ＯＮＩＢ）を引き継ぐ全国穀物業際事務局（ＯＮＩＣ）に期待をかけた。フランスはドイツによる占領から脱したものの、国の一部では飢餓の脅威があった。生産に投資し、貴重なパンの配給を管理しつつ、小麦粉の品質を向上させなければならない。配給制は１９４９年2月、つまりパリ解放から4年半後に終了した。国内の需給の均衡はまだ弱かった。しかも、１９４５年と47年は凶作だった。外国から小麦を買わなければならない。とはいえ、フランス本土は国内需要に応えるために北アフリカの植民地に頼ることができた。マグレブ諸国からの小麦の輸入は１９５０年代半ばまでは非常に重要だったのだ。この地中海をはさんだ穀物の相互依存——今では流れは逆になっているが——を分析するのに、この地理的・歴史的な事実をここで思い起こしてみよう。

フランスでは、農業の近代化が20世紀後半の経済発展の柱になった。１９６０〜62年の農業指針法はフランスの効率的な農業を建設する決意を象徴している。ＣＡＰの措置と相まって、こうした農業政策は小麦の生産面で目覚ましい成果を生むことになった。１９５０年代初めの収穫量は1・8トン／ヘクタールだったが、10年後には3トンと、当時のほかの生産国の一般的なレベルをすでに超えていた。注目すべきことに、この全国平均の収穫量は1990年代からは何度も7トンを超え、パリ盆地、ピカルディー、ノール・パ・ド・カレーなどのいくつかの地方では8トンあるいは9トンを超えることもあった。全国レベルの生産量も増加し、1960年でおよそ1000万トン、1990年代からは何度も3000万トンの大台を超えた。耕作面積は400万～500万ヘクタール前後で安定している。21世紀初め以降は年間収穫量は平均で3500万トン前後だ。2015年には4100万トンすら記録した。世界の全耕作可能地の2％を占めるフランスは毎年、世界の小麦収穫量の4％を上げている。中国、インド、ロシア、アメリカに次ぐ世界の主要生産国の一つであり、近年では第5位の地位を争うカナダ、オーストラリア、ウクライナとほぼ並んでいる。フランスの生産量を進展させたのは生産性の向上である。しかしながら、1960年から1990年までの発展段階のあと、ここ20年は伸びが鈍化し、生産性と生産高は横ばいの傾向にある。集約的農業による土壌の疲弊や一部地域の水不足は、科学的手段による収穫水準が限界にきた可能性も含めて、過小評価されるべきではないだろう。近年観測されるように、今後増大する気候不順も考慮に加えると、フランスの小麦生産は3000万～4000万トンにとどまるだろう。それでもこの数字は、国内市場に応え、かつヨーロッパや世界の需要への対応に貢献できる量である。

この半世紀以来、促進されてきた生産性向上が環境への影響に明らかに表れているのだが、そうした生産性重視の方向性は地政学的観点から重要だったのだ。独立性を求めるフランスは核と食料の力を持つ義務がある。経済統合と戦争の拒否を目指すEUは、確実な量の農産品の入手を望んでいる。ヨーロッパ大陸の住民の主食である小麦は、世界が欧米世界とソ連陣営に分割され、その主要な境界線がヨーロッパにあったとき、食料を確保する政策の中心にあった。1912年に掲載された記事のなかで、フランスの穀物の脆弱さについての懸念が次のように言及されている。

ある国が誇れる土地の豊かさの第一のものは小麦生産である。国民の消費に必要な小麦をすべて生産できる国は豊かな国だ。小麦、それはパンである。［中略］われわれはもはや飢餓を恐れない。しかし、パンの値段の高さを恐れることはつねにできる。［中略］小麦の価格は、フランスがつねに消費に必要なすべての小麦を生産するときにのみ一定になるだろう。［中略］フランス人は不作の年に助けてくれる世界の小麦の言いなりになることを恐れている。［中略］われわれの小麦をすべて生産しなければならない。われわれのパンのために。そうなれば、われわれは真に自分たちの主人であるだろう。いかなる危機もわれわれを脅かすことはない。外から一粒の小麦すら買う必要がなくなるからだ。[3]

この文章は、国民の食料安全保障をカバーするためにフランスが外国に頼ることに対して強い反発を示している。1世紀後の現在、フランスは小麦を国の農業の決定的な要素に据える政策が実ったため、この点で戦略上不利な状況にはない。だが、気候問題やエコロジー移行の課題が農業の活力の将来の持続性に疑問を投げかける。生産のパフォーマンスは持続するのだろうか？どういう形で？　この問いへの答えは、植物への世話と植物を養う能力にも一部依存しているために、肥料の可用性あるいは自律性の問題にも関係してくるのだろうか？　どのようにして、小麦の地政学的、経済的、外交的な側面の価値を高められるだろうか？

国土の利点を活用する

２０２２年時点で、穀物はフランス本土のうち９００万ヘクタール、つまり9万平方キロメートルを覆っている。これは農地面積の３分の１、本土の全面積の17％にあたる。フランスで栽培される穀物の60％は小麦だ。ほとんどは軟質小麦で４７０万ヘクタール、硬質小麦は25万ヘクタールだ。村々や田園地帯の多様さや美食などに魅了されてフランスに滞在する何千万人もの観光客は、全員が飛行機で来るわけではない。ヨーロッパの十字路にあるフランスは海からも陸上からもアクセスできる。しかしながら、ほとんどの観光客は空からやってくる、つまりほとんどは日中に到着する。どうしてこのことに言及するかというと、夜間は都市の光にフランスが輝くとしたら、昼間には空から見ると農地がこの国に輝く色を与えるからだ。機上の観光客は、超高速列車（ＴＧＶ）の乗客と同様、区画整理された青々とした風景にしばしば驚嘆する。観光客は多くのフランス人と同様、フランス本土の面積の10％近くが小麦に覆われていることを知らないだろう。フランスの都市以外の場所を旅することは、田園地帯における小麦の地位を発見することだ。

軟質小麦の地理は、北部オー・ド・フランス地方からパリ盆地とサントル地方を通ってペイ・ド・ラ・ロワール地方とポワトゥ・シャラント地方に至って弓状に広がるが、ノルマンディー地方、シャンパーニュ＝アルデンヌ地方、ロレーヌ地方、ブルゴーニュ地方、ミディ・ピレネー地方の生産も忘れてはならない。しかし、生産性が高い上に気候変動の影響が少ない国の北部と、土壌が不利で降雨の少ない南部や中間地帯との差は大きい。ヨンヌ、アリエ、コート・ドール、アヴェロン、ヴィエンヌ、ドゥ・セーヴルの各県は状況が悪化している。こうした傾向はある種の不安をもって観察されている。なぜなら、より大きな気候ショックを受けるほかの大国の収穫量が非常に不安定な反面、フランスは長い間、小麦生産の安定性を自慢にしてきたからだ。フランスもこの問題に無関係ではない。天候不順や自然条件によって年により生産性や品質は変わりうる。より頻繁で強い気候ショックに備えて、フランスの穀物生産は耐久力を付け、地域間の補完性を強化できるような国レベルの取り組みに加わらなければならない。

硬質小麦について言うと、生産地域は主に南西部と南東部に集中している――サントル地方にもある程度の耕作地がある。２０２２年の収穫は１６０万トンと予想されるが、２０１５年の再活性化計画に盛り込まれた硬質小麦部門の目標３００万～３５０万トンにはほど遠い。耕作面積は２０１０年以降、50万ヘクタールから30万ヘクタール以下に下がった。硬質小麦は２０１０年時点ではまだ２５０万トン前後の収穫があったのだ。この減少は、世界市場が良好で価格も有利であるだけに残念なことだ。それでも、フランスはヨーロッパではイタリアに次ぐ第２位の硬質小麦の生産国であり、生産性では世界で２番目に位置する。[4] だが、硬質小麦はフランスの生産者

フランスの軟質小麦――生産性の差異が広がる

2022年の軟質小麦の生産性

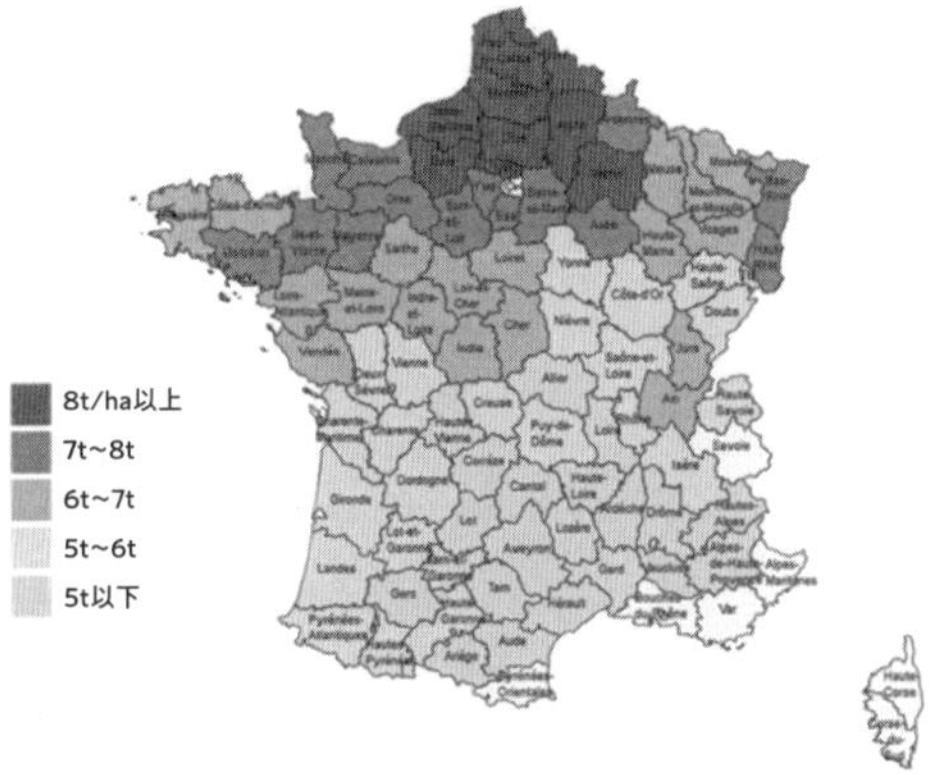

2017～21年の平均に比べた2022年の
軟質小麦の生産性の増減率

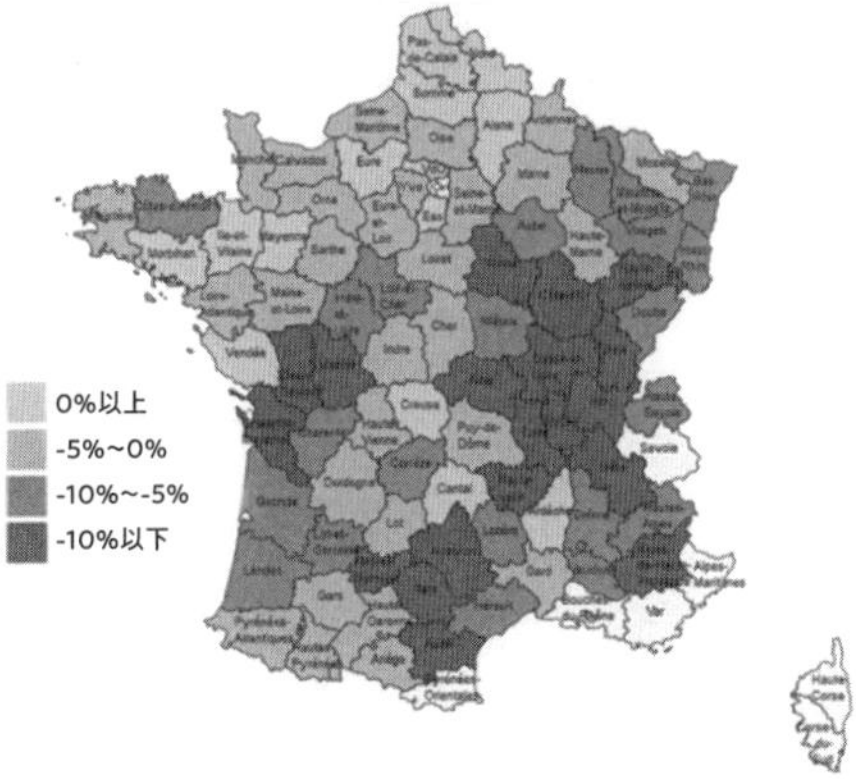

出典：Agreste（仏農業・食料主権省の統計局）

にとってはリスクのある作物であり（品質基準、凍結に非常に弱いことなど）、生産者はより収益性の安定した穀物を好む。

フランスの農業、食料、穀物に関するいくつかの数字

フランスにおける全雇用に対する農業部門の雇用の割合は2・5％である（1960年は20％）。これはフルタイムに換算して58万の雇用に相当する。国土の52％が農地であり、3分の1の県は面積の60％以上が農地だ。しかし、フランス本土は2010年から2020年にかけて10万軒の農家を失った。現在は39万軒で（1960年は230万軒）、25％は女性1人が経営しており、30％は10ヘクタール未満の規模だ。農家の主の25％は60歳以上、20％が40歳未満である。農家の半分以上が植物、主に穀物を扱っている。フランスはEU27ヶ国のなかで農地面積が最も広く、農業生産ではEUトップだ。小麦ではEU域内生産の4分の1を占める。農業部門は国内総生産（GDP）の2％だが、農業・食品部門を加えると4％となる。農業だけで年間に粗付加価値（GVA）［最終生産物の価格から原材料料費などを差し引いたもの］370億ユーロを生み出し、農業・食品部門を加えると460億ユーロ追加となる。売上高で見ると、フランスの農業・食品企業は3600億ユーロで、ドイツに次ぐ2位。フランスの農業と農業・食品産業の貿易収支は、ここ半世紀以来、構造的に

黒字である。2010年以降は縮小しているものの、同部門は、フランスが貿易黒字を維持する稀な部門の一つである。穀物は飲料・ワイン・蒸留酒に続いて、フランスの農業部門の輸出の第2位を占め、小麦が牽引役を果たす。2010～20年で、フランス小麦の輸出は年間平均で50億から70億ユーロをもたらした。

気候問題の観点からフランスの穀物栽培の未来について疑問を呈することが必要だとしても、それを誇張すべきではないし、政府が農業を支援し、社会も食料の安全保障に懸念を抱いていることを確認するべきだ。したがって、穀物はつねに優先課題であるが、戦略的な穀物産業を取り巻く新たな地理的問題が課題となってくるかもしれない。環境問題は現実のものだ。よりよく生産しなければならない。つまり、生態系への影響を少なくし、それと並行して穀物の収量と品質をできるだけ一定に保たなければならない。過去よりも少ない化学的インプットでより精密に栽培するために、実践のイノベーションとともに科学の助力が必要だ。環境保護の進展のためのアプローチが始まった。たとえば、農家で持続性の追求と移行の推進力を認証する高価値環境農業認証（HVE）はその一例だ。フランスの農業は変化しており、すでに時代は変わっている。この国の農業に欠かせない小麦業界もこうした変化に積極的に参加している。別の言い方をすれば、小麦業界なくしては、フランスの農業システムを変えることは難しいだろう。穀物栽培、とくに小麦栽培の強い関与なしには、フランスの農業の持続可能な発展はないのだ。

さらに、フランスの小麦の地理に興味を持つことは、それが計画性の面でしかるべき関心を払われているかどうかを問うことでもある。気候リスクを制御することと、農業の土地資産の破壊を食い止めることは別のものだ。フランスはこの何十年間に都市化によって農地を失った。この影響は、農業関連の土地の環境負荷から生じる影響よりもずっと大きい。気候リスクと農地破壊という2つの現象を食い止めなければならない。土地のコントロールを失い、土地の人工化が進むのを放置することは、フランスの農業力にとって有害だ。この点で、2014年に農業・食料・森林未来法の一環として農地を保護する措置が組み込まれたことは歓迎された。将来は国内で新たな農地を獲得するべきなのだろうか？　いずれにしろ、農地に関して慎重であることは、多くの金融関係者が耕作に適した土地（この戦略的資源は世界に平等に存在していない）への投資を躊躇しないのだから、国際情勢にも関係してくる。耕作地を求める国で、フランスの土地に投資チャンスの可能性、あるいは借地を求めてフランスに接触してくる国があるのは驚くべきことではない。フランスは「ランドパワー」を持っており、国がそれを過小評価するのは間違いだろうし、将来それが渇望の対象になる可能性はあるだろう。それは、地政学的切り札をリストアップする際に無視できない、長期的なパワーの要素だ。[5]

そのため、小麦に関するフランスの地理的課題は物流にも関係する。この点では、フランスには大きな利点がある。小麦を輸送するための河川や運河のほか、畑のそばから加工センターや船まで輸送できる鉄道や道路インフラもある。フランス産小麦の半分は国外に出るが、多くは海上輸送される。ルーアンが国の穀物経済の原動力だ。ルーマニアのコンスタンツァと張り合っているが、ルーアン港がヨーロッパ第一の穀物ターミナル港である。[6] ラ・ロシェル―パリス港とマルセイユ―フォス港もそれぞれ大西洋岸と地中海沿岸で小麦輸出に活躍している。北海に面するダンケルク港はすでにフランスの農産物港として第3位だが、さらに発展を続け、可能性に見合う野心を示している。生産者、地方自治体、貯蔵事業者、港の積荷業者やオペレーターはみな、どこでもいつでも協力を必要とする同じ戦略的連合体に属しているのだ。こうした物流システムによって、需要と供給を結びつけ、現地と外国を結びつけることができる。それなくしては、フランス小麦の生産は国内的にも国際的も、これほどの商業力を持っていないだろう。ほかの穀物生産国でも発展は目覚ましいため、フランスの物流システムは長期的にかなりの投資を必要とする。それはシステムを維持するとともに、農業のグローバル化のなかで競争力を維持するためだ。[7] 港のサイロの近代化と拡張、将来のセーヌ＝ノール・ヨーロッパ運河のような穀物のインターモーダル輸送［複数の輸送手段を組み合わせ、途中積み替えずに輸送すること。複合一貫輸送］、貨物輸送のレベルアップなど、いろいろな展望がある。こうしたインフラ投資には民間の参加もあることを強調しておこう。農業協同組合や商社もフランスの物流施設に投資し、政府とともに国土整備に貢献している。発展する能力、物流や工業ツールの重要性を決して見失うことなく投資することによって将来を見すえる能力があることは、フランスの小麦業界の特徴である。

２０１４年11月、当時経済相だったエマニュエル・マクロン大統領がフランスの産業政策の方向性について述べた際、「グローバリゼーションの戦いが拡大している」、「工場のないフランスという考えは大きな間違い、大いなる幻想だ」と発言し、フランスにとって必要な再工業化といくつかの経済活動の国内回帰を主張したパイオニアである前任者アルノー・モントブールの主張を引き継いだ。この場面を思い起こすことは興味深い。なぜなら、支援すべき戦略的部門――国内の異なる地方の社会と経済の活性化に不可欠だ――に関するフランスの政策のヴィジョンに転換が見られるからだ。農業と食品加工部門は、２００７〜08年と２０１０〜11年の食料危機の経験や、その後の保健と地政学的な緊張状態のなかで、どれほど安全な社会の土台であるかが国際舞台で見直された[8]あと、少しずつ国内の舞台に再浮上してきた。したがって、穀物業界はこうした文脈のなかで、国内と世界の両方の課題の中心にあり、国外移転できない優れた生産性を誇る分野としての役割を演じる。その役割を果たすために、人々は同業界を発展させ、競争に適応するために国内で尽力するべきだ。

“生き物の起業家”の仕事の価値を見直す

穀物の生産力を確立するために地理と政策が決定的な要因であるなら、そのためにはフランスの自然の利点を活用し、決められた経済発展の戦略を実行するための持続的な能力や知識が必要だろう。フランスでは全農家の４分の１にあたる、およそ11万軒の農家が穀物専門か、大量の穀物を栽培している。その多くは、環境保護のパフォーマンスや、炭素会計の向上に取り組んでいる。食料安全保障と経済における生産の重要性を認識している穀物栽培者は、資源の持続性の必要性についても同様に認識がある。したがって、あらゆる面でより効率的な農業のための研究の進歩を取り入れつつ、現代の要求に農業実践を適応させている。ほかの農業部門と同様に、小麦の場合も、生産と経済的パフォーマンスという要請と、環境負荷の制限とを両立させるのが望ましい。そのためには、小麦生産者は孤立することはできない。新しい知識を入手し、実践法を比較し、経験を共有し、可能な解決策を特定し、ほかの人々とともに解決策を開発するためには、エコシステムの中で進化していかなくてはならない。小麦生産者は助言を必要とするが、同時に自由に経営していくために、希望、困難や計画を表明する必要がある。

　こうした自然や人々（消費者も含めて）とのたゆまぬ関係を密接に維持するべきであることを生産者は知っている。しかしながら、農業関係者は人からあまり好かれていないと感じることもあるが、それは厳密には正確ではない[9]。問題は、人々が農業の仕事をほとんど知らないことと、近年の都市化、サービス業化した社会との距離にある。この点では、ジュリアン・ドノルマンディー前農業相が一般に広めた「生き物の起業家」という表現に拍手を送りたい。同農業相は農業従事者のことをそう表現したが、農業従事者は実際にそうであるし、その事業で〝生きる〟ことができる限りはそうであり続けるという事実をつねに強調すべきだ。これは、フランスの農業の未来のコンセプトを環境の視点だけに閉じ込めることではない。長期にわたる移行を保証し、農業部門の魅力を高めるには、農業という職業に関する異なる機能への社会の認知ならびに、農業が収入と繁栄を生まねばならない必要性を過小評価しないことだろう。それは小麦も含めたすべての生産者について言えることだ――小麦業界では貧富の差が激しいのだが……。環境にかかる負担を減少させ、土地を守り、日々変化する食生活と折り合いをつけるために、フランスの農業と穀物のシステムを発展させるべきなら、戦略的な目標はマルチ・パフォーマンスであるべきだ。それは、高まる地政学的・気候的不安のなかで、経済的成果と自然資源修復の中間点に立ちつつ高潔な発展の道筋を生み出す強い持続性の方向だ。[10]それは、農業の知識、能力と集団的インテリジェンスの強化を促す膨大な計画であり、難しい方向性だ。そのためには小麦業界と行動の持続性のために2つの課題が浮上してくる。人材、そして科学との関係だ。

フランスの農業従事者のほぼ50%は2026年に定年になる。そのなかには穀物栽培者が多い。この老齢化に、農業という職業への志向の問題――主な理由は経済的なものだろう――が追い打ちをかける。持続可能な発展とエネルギー移行に対する農業の役割が強調されているが、さらに起業家精神と安定性も考慮する必要がある。どちらかが欠けてもいけない。農業従事者は「気候の戦士[11]」になることはできるわけだが、「平和の戦士」、つまり環境保護の価値だけでなく、社会的・経済的な価値を創造する人でもある。農業の社会面、人口面の凋落を避けるためには、より広く、戦略的で未来予測的な言質が必要だ。さらに、フランスは「土地を持たない農民が、農業従事者のいない農業と共存する」システム[12]のほうに進む意図はないと認めた上で、集団的な信頼感を維持し、複数の経営モデルとともに農業界に存在する非常に幅広い人材を生かすことが望ましい。目標は、すべての農業従事者の競争力向上を目指し、農業起業家が自分の資金と環境に応じた強固なビジネスプランを持つようにすることだ。重ねて言うが、もしフランスが将来、農業と小麦生産を維持したいなら、農家の収入と仕事への満足感は避けられない課題なのだ。

科学はというと、これも依然として重要である。精密農業、決定を下すのを助けるツール、情報システムやバイオテクノロジーは、より多く、とりわけよりよく生産するための解決策をもたらす。この方向を継続するためにとる道はイノベーションである。ほかの小麦生産国と同様に、フランスは生産性を向上させるために遺伝子学的進歩を加速させ、水の効率的な使用を促し、高品質の小麦の収穫を保障し、生物的・非生物的ストレス耐性の植物を優先する努力を続けなければならない[13]。これを実現することは必然的に科学的栽培による。したがって、農学研究によるのだから、国内で農学研究を推進するとともに、協力する国際的プラットフォームを通じて研究を実現していかねばならない。この点で、仏国立農業・食料・環境研究所（ＩＮＲＡｅ）とアルヴァリス研究所の果たす役割は非常に大きい。気候問題ばかりがクローズアップされているが、たとえば、加工業や消費者の要求に応えるために、穀物の品質向上は大きな研究課題である。小麦のタンパク質成分の向上や、製粉用小麦の品質向上などは重要なテーマだ。したがって、科学者たちは農学イノベーションと農業発展の立役者だ。彼らは生産者とつねに連絡を取り合っている。生産者自身は生物をよく知っているし、自然科学の屋外実践者であるので、自分たちの視点や直感、発見を多数の人々のために研究と教育の場にもたらす[14]。さらに、農業において進歩に不可欠なリスクをとる姿勢を育てていかなければならない。何でもやってみるということではなく、失敗が非難されやすいわが国において失敗との関係を見直すということだ。というのは、農業においては、新しい手法やシステムを実験する場合、効果と欠点を観察するのに年１回の収穫を待たねばならないので、長期的な移行を考えたり、少しずつ別のやり方をするために失敗を実験として認める必要があるからだ。

したがって、農業は生物の均衡の柱である。農業は自然に反するのではなく、自然とともにある。農業従事者は農学者であり、栽培者であり、起業家であり、国民の食料安全保障への貢献者でもある。技術と科学知識の両方を必要とする農業の実践のためには、生物学、物理学、化学の知識を持っていなければならない。研究の場との接触は頻繁で具体的だ。生産者は農地をよりよく運営し、高品質と収量を得るために、環境から中間段階も含めた販路まで多くの段階で介入する必要があり、大きな時間の投資を必要とする。穀物生産者は栽培をより効率的にするためにＩＴやバイオコントロール［生物的防除。微生物、天敵昆虫など生物によって植物の病虫害や雑草を防除すること］、位置情報技術を利用する。それによって実践を調整したり、経済面と環境面の両方の成果のために数学を使うことすらいとわない。[15]農業という職業への志向が危機にさらされている今、現代化やテクノロジー、イノベーションがますます必要とされる穀物生産者の職業を奨励することは大事だ。

フランスの穀物業界は直接、間接に44万の雇用を生み出している。すべてが小麦栽培だけに関するものではないが、フランスにおける小麦の重要性からして、パフォーマンスの高い国内穀物業界で主役であるのは明らかだ。同業界の雇用にはいくつかの特徴がある。まず、国外移転できないこと、非常に多様であること、将来性のある活動であることだ。実際、この44万の雇用はフランス本土において、生産者から、集荷、輸送、加工、流通の各段階、３つの海に面したターミナル港までの職業が含まれる。小麦の栽培は限られた地域にあるが、業界全体の社会的・経済的組織はそれよりも広大だ。穀物のネットワークは多様な活動（貯蔵、製粉、農業生産資材、金融、流通、研究、行政、コンサルタント、輸送など）を行うおよそ２０００の企業や組織によって形成されている。フランスの軟質小麦の第一の用途は食用──国内でも世界でも──ではあるが、飼料（近年の平均で13〜15％）、デンプン（8〜9％）、バイオエタノール、そして植物化学［植物資源（バイオマス資源）の有効利用やバイオマスの資源化・燃料化等のための化学］などの他の利用も増える傾向にあることも考慮しなければならない[16]。フランスの小麦業界の組織はおそらく世界でも独特だろう[17]。この観点から、フランス・アグリメールが調整役となっている大規模栽培委員会を通じて、小麦業界と政府・公的機関が絶え間ない対話を行っていることを強調したい。この委員会は穀物業界の人と国の機関のあいだの対話のプラットフォームの役割を果たしている。この強固で透明な委員会は、国際舞台においていくつかの利点を有している。それは、ほかの穀物大国には欠けがちな予測性と安全を提供しているからだ。

フランスにおけるパンは伝統と現代性を併せ持つ

1ヘクタールの軟質小麦畑は平均5・5トンの小麦粉を生産する。これは250グラムのバゲットパン2万5000本に相当する。フランスでは、国民一人1日あたりのパンの消費量は130グラムである。80％のフランス人は毎日パンを食べているが、その消費量は1960年代に比べて半分になった。それでも、パン屋兼パティスリー店は職人的食料部門のなかで最も重要な企業である。工業的パン屋や大規模商店（スーパー、ハイパー）を通じたパンの流通もあるが、3万5000軒のパン屋が市場の3分の2を占める。パン屋は雇用を提供するだけでなく――失業の危機はほとんどない――フランスの文化遺産の一部である。ルイ16世以来の有名なバゲットは世界で普及率の高い丸形のパンと対照的である。だが、バゲットの輸出は増加しており、消費者に評価されている。外国に販売促進すべきフランスのノウハウに含まれるのだ。2015年の食料安全保障をテーマとしたミラノ国際博覧会で、フランス館でパン屋が前面に押し出されたのは意味のあることだった。訪問者はフランス農業の特徴と力を発見することができた。同様に、世界のいくつかの地域で発展する製パン学校はフランス人を教師に求める。ユネスコは近く、フランスのバゲットを無形文化遺産に登録することについて決定を行うことになっている［22年11月末に登録決定］。

　食べることが文化であるわが国で[18]、パンは間違いなくフランス料理の遺産の一部である。1993年、パン政令によって「伝統的フランスパン」を名乗るための規則が制定された。それは、どんな形状であろうと、伝統的パンは添加物なしで、まったく冷凍されることなく、固有の発酵過程を経て、パン作り用の小麦粉と飲料水と食塩のみから製造される。現在、年間70億本のバゲットがフランスのパン屋の製パン室で作られる。1日1900万本だ。また、パン屋はある意味で地域経済の象徴でもある。パン屋はほとんどの市町村にあり、ある村でパン屋が廃業することはその村の衰退の兆候とみなされる。市町村内でパンの供給を保障できなくなることは、首長にとっては大きな政治的リスクを負うことになる。ところで、あらゆるパン屋は200キロメートル以内に製粉業者を持つ。こうしたパン業界の構造は品質、トレーサビリティ、近接性という市民の要求に十分に応えている。とはいえ、伝統は現代性を阻害しない。フランスのパン職人はますます工夫されたパンを提供し、消費者のために選択の幅を広げている。同時に、朝食用のシリアル類や食パンの消費の増加にともなう工業的加工の発展も見られる。

フランスではバゲットは平均90セントユーロである［2022年末時点］。そのうち7セントが小麦生産者、3セントが製粉業者、8セントがほかの原料（水、食塩、イースト）、53セントがパン職人の給与と社会保険料、11セントが税金、輸送、包装費であり、パン屋の利益はパンの小売価格のうち5～7セントである（その利益にはイノベーションのための投資も含まれる）。小麦生産者への公正な報酬につながるパンの公正価格があるとしたら、それは世界の市場価格および利益をもたらす価格にかかっている。

フランスは小麦でグローバリゼーションに影響力を持つ

歴史や空間の観点からも、経済と消費の観点からも、小麦はフランスの主要農産物とみなすことができる。さらに、世界におけるフランスの国力を大きく見せることによって、フランスの世界への影響力に貢献している。ただし、それは真に手中にあるわけではなく、多くのことが脆弱なままであるため、政府が農業の発展や戦略的な農業部門のパフォーマンスをサポートするという役割は時代遅れになるというのは過信である。それどころか、政府、市民社会、企業、生産者が、「(被害を)被らないように先回りする」[19]ために、20世紀後半と同様に今日でも手に手を取って進むべきなのだ。

国外移転できず国内で生産される小麦のおかげで、フランスはここ半世紀来のグローバリゼーションの動きに積極的に関わることができる。フランス経済に利益をもたらす穀物貿易は、ほかの多くの国々の食料バランスにも必要なものだ。フランス小麦の品質は、小麦業界の事業者の信頼性とともに、外国では定評がある。つまり、小麦は貿易パフォーマンス、技術協力、地政学的責任をすべて併せ持った、フランス式経済外交の最良の大使ではないだろうか？　この問いは、意図や目標の異なる大国の覇権争いが激しくなっている新たな国際情勢のなかに位置づけなくてはならない。こうした情勢にあって、フランスはこれまで以上に他国と一線を画し、違いを強調すべきだろう。

フランス本土から大洋に向かって

自然の恵み、食料需要に応える能力の国家間の格差については、すでに本書で述べた。穀物については、明らかにこの格差がとくに目立つ。国内消費をすべてカバーするのに十分な小麦を生産できる国は非常に少ない。そうした国の数は減ってすらおり、その分、国内の食料安全保障を確立するために外国に供給を頼る国の数は増えている。国内需要を満たし、かつ輸出できる小麦を生産する国はもっと限られる。それらはここ数十年来、ほとんど変わっていない。フランスが

2000/01年から2021/22年のフランス小麦の生産量推移と国内使用と輸出の内訳（100万トン）

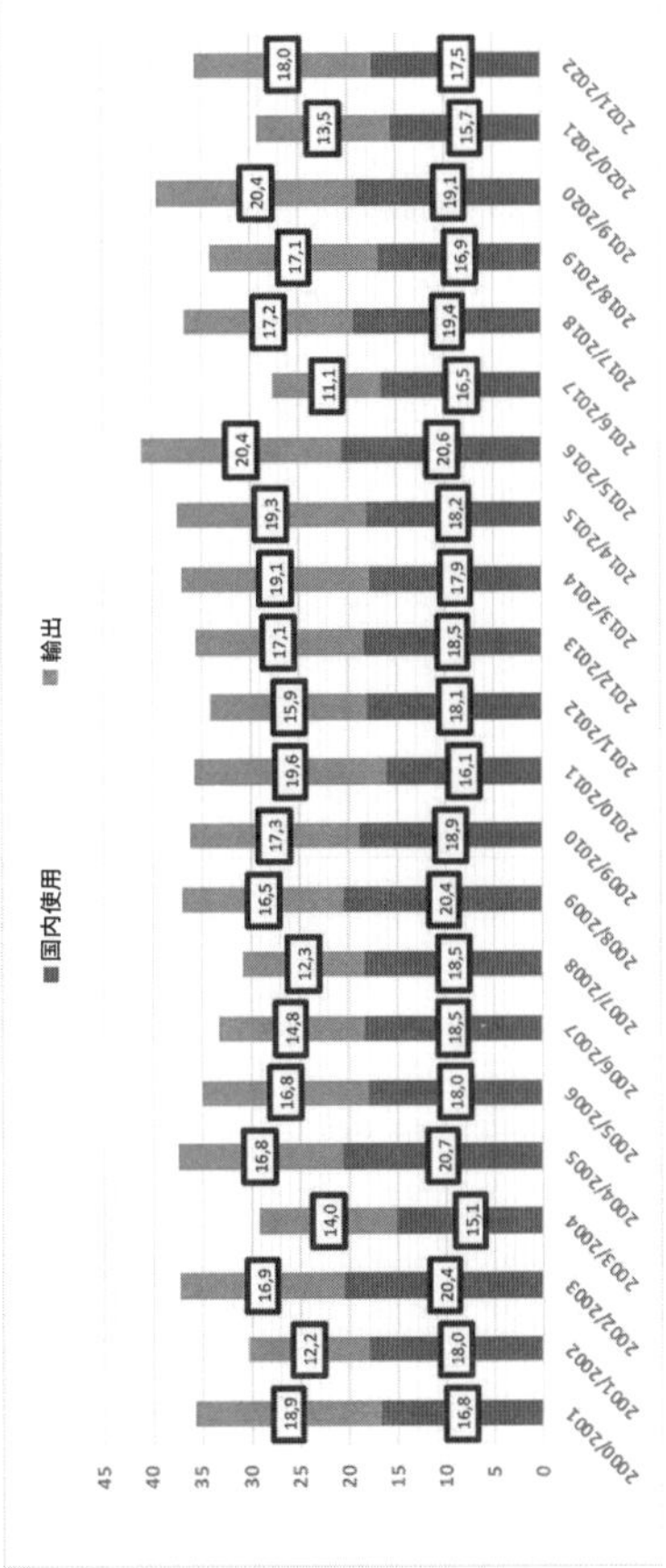

出典：フランス税関の統計をもとに著者が計算

その特権的グループに加わったのは比較的最近だ。フランスは国の経済における農業の効率化に賭け、20世紀後半から投資してきた。こうした野心は貿易でも結実し、21世紀初頭以降、小麦の輸出国では概ね第4位から6位の地位にある。また、1980年代以降は農産品・食品部門では貿易黒字を出している。貿易収支は2003年以降、全体的に悪化しており、2022年には1000億ユーロ以上の赤字を記録したが、農産品と食品は毎年赤字減らしに貢献している。農産品・食品部門はフランスの経済部門のなかで構造的に黒字を生む3部門のうちの一つである。穀物は輸出量の多い産品のなかでワイン・蒸留酒に次いで毎年第2位につく。2016/17年から2020/21年までの5回の輸出シーズンで、フランスは合計1億2500万トンの穀物を輸出し、250億ユーロの収入を上げた。小麦だけで、その地経学的成果の3分の2を占める。

国内で収穫される小麦のおよそ半分近くが輸出されている。今世紀初め以降のいくつかの傾向をここで強調しておきたい。2000/01年から2021/22年の間にフランスは7億6500万トンの小麦を生産しており、これは平均すると年間3500万トンだ。2016年から2020年の間は収穫が3000万トンを切ってはいるが、概ね安定している。この7億6500万トンのうち、3億6500万トンが輸出され、そのうち1億7000万トンがEU加盟国向けで、残り（1億9500万トン）は域外向けだ。2007/08年まではEUが半分以上を占めていたが、今では第三国が多くを占めている。後者のうちで、地中海南部にある国々がほとんどの量を占める。アルジェリアが6500万トン、モロッコが2800万トン、エジプトが2000万トン、チュニジアが400万トンだ。これら北アフリカの4ヶ国だけで21世

2000/01 年から 2021/22 年のフランス小麦の輸出量推移
EU 諸国向けと域外向けの内訳（100 万トン）

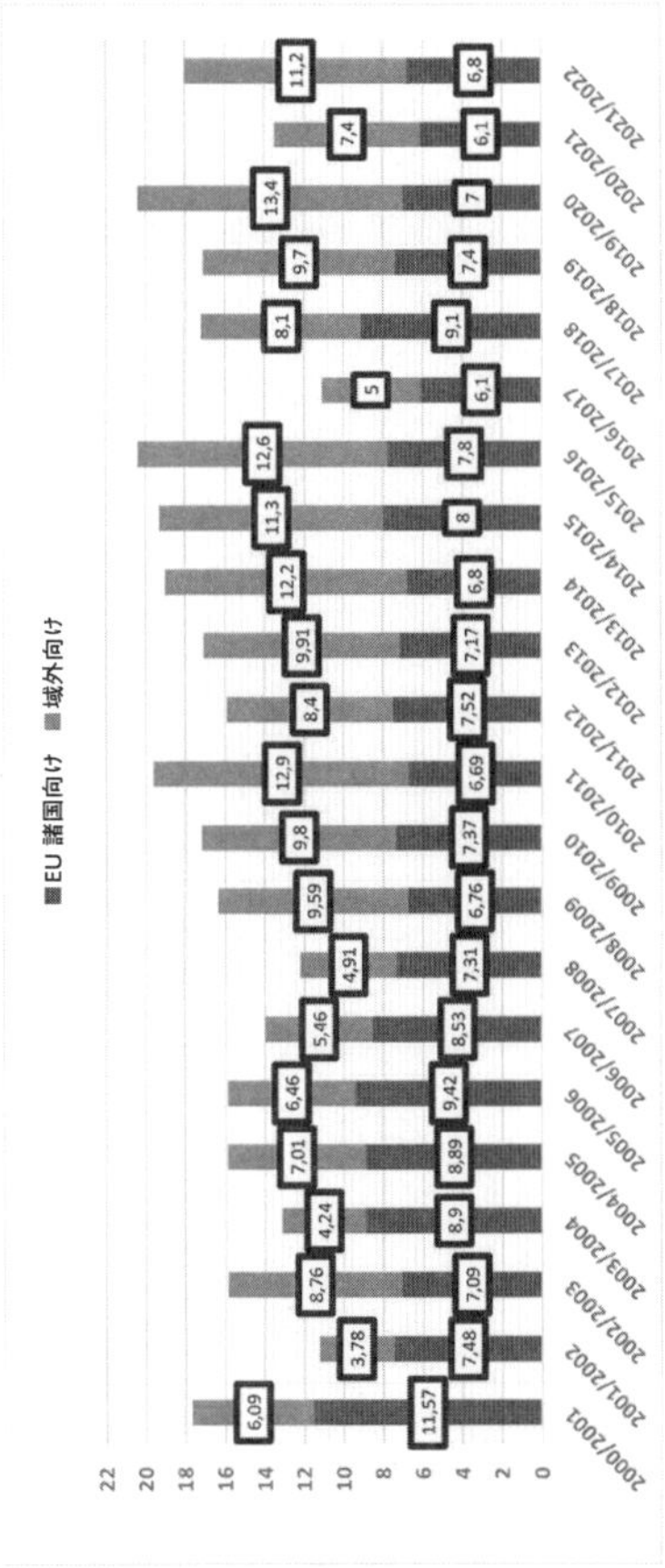

出典：フランス税関の統計をもとに著者が計算

紀初め以降、フランス小麦を1億1700万トン輸入しており、これはフランスの生産量全体の15%にあたる。この4ヶ国はフランス小麦の輸出の3分の1を占め、EU域外向け輸出の60%を占める。フランス小麦の輸出先トップのアルジェリアは一国だけで2000年以降のフランス小麦の生産の9%にあたる量を輸入し、フランス小麦の輸出の18%を占める。期間を2010年から2022年に絞ってフランス小麦の輸出先上位10ヶ国を輸出量順に並べると、アルジェリア（4400万トン）、ベルギー（2600万トン）、オランダ（2400万トン）、モロッコとイタリア（各1800万トン）、スペイン（1700万トン）、エジプト（900万トン）、ポルトガル（800万トン）、中国（600万トン）、コートジボワール（500万トン）である。この10ヶ国でフランス小麦の輸出量の84%を占め、ロシア、アメリカ、ウクライナのような他の小麦大国に比べると集中度が高い。ここ3シーズン（2019／20年〜2021／22年）では、フランス小麦の輸出で中国の割合が増え、アルジェリアが減少していることに留意するべきだろう。

小麦は経済外交の道具

小麦を国内で豊富に栽培できるということは豊かさの象徴である。小麦生産はよりよい食料安全保障を確保するための重要な要因だ。さらに、輸出に回せるほどの量の小麦を生産できるなら、その国は戦略上の重要な切り札を持っていると言える。その逆に外国から供給しなければならない国にとっては明らかな構造上の弱点となる。国際市場で小麦を買うことは国の弱さを暴露する。毎年、小麦を購入する必要性があることは、国内の社会的・政治的安定と食料安全保障が

2010/11 年から 2021/22 年のフランス小麦の輸出先上位 10 ヶ国
（100 万トン／この期間の累計）

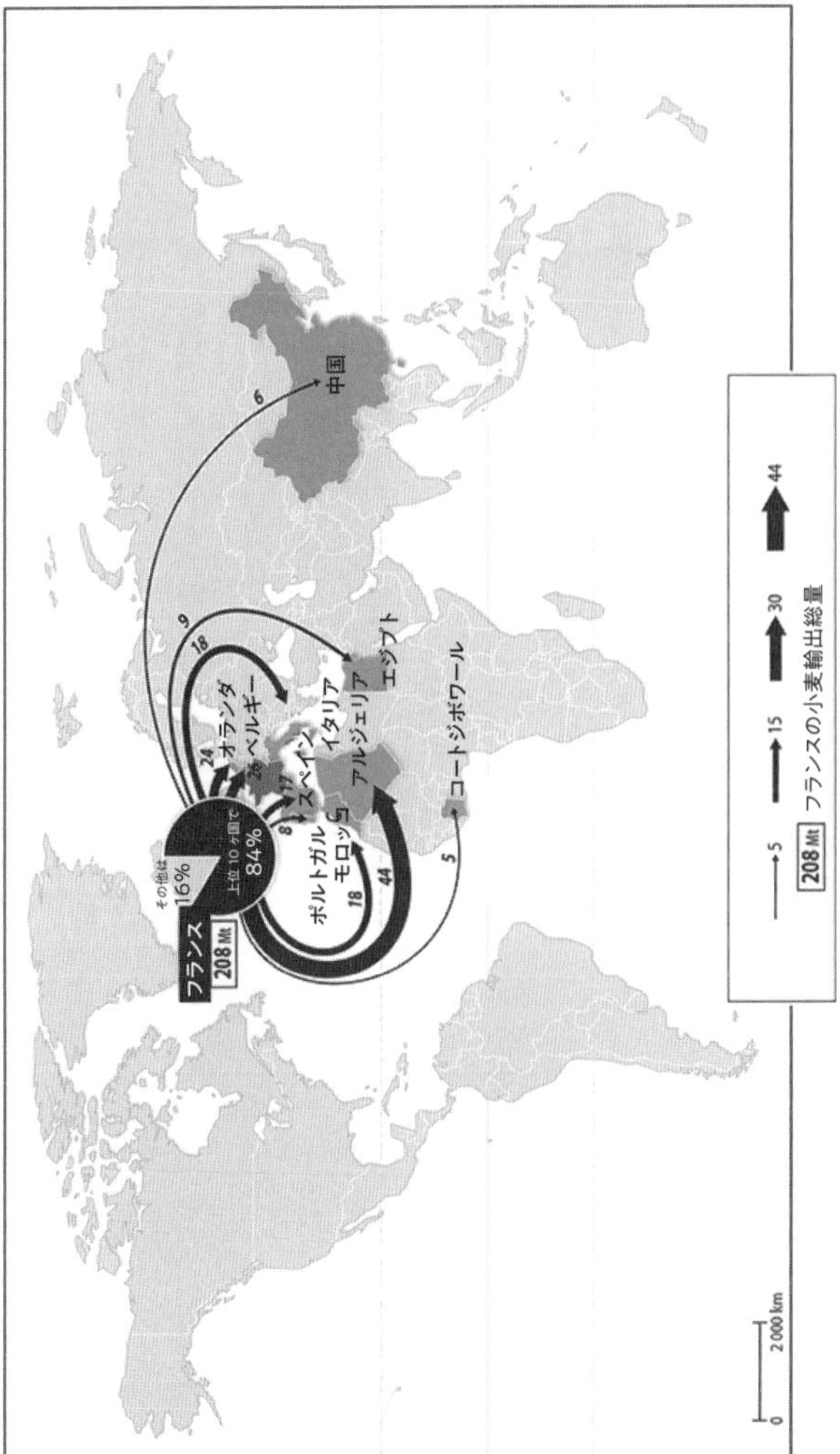

出典：Argus Media/Agritel のデータに基づいた著者による計算

継続する弱さを持っているということだ。小麦を生産し、外国に売るということは、限定された特権的な国のグループに属するということだが、その結果、責任を負うということでもある。実際、貿易のダイナミズムと、協力のメカニズムおよび小麦が不足する国のフォローを関連づけることがますます必要になっている。小麦不足の国々の多くは将来も貿易に頼り続けるだろうし、その依存度が高まる国もあるだろう。かといって、そうした国々の国内穀物栽培とその業界の発展、もっと広く言えば食料安全保障上の措置を支援するべきではないということではない。

フランスのEUおよび域外への小麦の輸出総額は21世紀に入ってからの22シーズンでおよそ８００億ユーロに上る。それはエアバス機Ａ３２０の８００機分にあたる。農業と食品部門が２０１３年以来のフランスの経済外交の優先部門であるなら、小麦が国の総合的な栄光に貢献している限りは、その数字は広く知られるべきだろう。しかし、小麦がフランスの「黄金の石油」であることを認識している人はほとんどいない。さらに、国の経済に収入をもたらす小麦栽培は鉱山とは違って、持続可能であり、その役割は本書で見てきたように多方面に及ぶものだ。フランスの国力の切り札を数え上げたり、外国との関係において不変で一貫性のある国力を特定したりする際、小麦の力にはほとんど言及されない。小麦の輸出は決して国内需要を犠牲にして行われることはない。たとえば生産が半分になれば、国内市場のみに応えるために輸出されないだろう。そうなると、現在、小麦に充てられている農地に別の作物の栽培が促されるかもしれない。もしそうなれば、奨励されるタンパク質供給における小麦の重要な貢献とともに、国内のいくつかの地方における小麦栽培の適性（すべての作物がそうとは限らない）、さらに、大量かつフランスが供給できる高品質の小麦を求める国際舞台においてフランス小麦が演じる役割を失うことになる。ちなみに、「フランスの小麦は世界のパンを作る」というのが、ここ数年来、パリで開催される国際農業見本市の穀物館に掲げられたスローガンの一つだ。[20]

フランスは世界の小麦輸出大国に属する。ＥＵ以外では北アフリカが主な輸出先だ。ヨーロッパと同様に、地中海南部は、ある意味でフランスの穀物の短いサプライチェーンを形成している。北アフリカの需要は近年、増加し、その傾向をくつがえすものは何もない。水と土地の制約、さらに気候変動の影響、同地域の穀物生産の発展に不利な政治情勢の慢性的不安があるからだ。フランスで栽培され収穫される小麦の7分の1が北アフリカで消費されるというのは大変な割合だ。それは相互依存である。単純な地経学的な関係以上のものだ。これらの北アフリカ諸国はフランス小麦に依存しつつも、フランスのライバル供給国を含む国際市場の競争を最大限に利用する。彼らはフランスの生産状況、穀物業界の組織や実践の変化を注視しつつ、フランスの農業政策や外交に注意を向ける。同時に、フランスは北アフリカ市場なしですますことはできない。これは歴史的、地理的、文化的（小麦のパンへの使用も含めて）な理由から自然なことである。また、北アフリカは近年、最も活発な市場であり（数字の裏付けもある）、将来は最も優先されるべき市場（地政学的な観点から）だ。別の言い方をすれば、北アフリカの消費者はフランス小麦を（まだ）必要とし、フランスの小麦生産者は（つねに）北アフリカ市場を必要とする。こうした相互依存は、包括的な経済外交に関する発言でも言及されている。商業は技術、科学、研究のパートナーシップと連携していなければならない。それは、フランスと北アフリカ諸国が、農業の発展や現地の農業界の構造の発展、気候変動に適応できる小麦品種の開発、さらに持続可能な栄養補給における穀物の見直しにおいて協力するためだ。こうした協力の例は枚挙にいとまがないが、小麦という共通点のために将来もさらに増えていくだろう。

フランスは輸入国との強固な関係と大きな切り札を維持している。しかし、買い手が仕様書レベルでますます多くを要求するなか——しかも国によって要求が異なる——軟質小麦の品質は新たな挑戦を迫られている。したがって、フランスは社会的な要望を満たし、外国の買い手が決める基準に応えるために「よりよく生産」しなければならない。経済外交とは、買い手に商品を押し付けたり、そのまま売ることではない。世界中のさまざまな意見に耳を傾け、具体的で特殊な要望に応えることのできる生産を奨励しつつ買い手にどうつながっていくかを見極めることだ。そこから、フランス小麦に関しては、3つの目標を掲げることが必要になる。これまでと同じ量を生産すること、よりよく生産すること、だれのために生産するかを知ることだ。フランスはアルジェリア、モロッコ、エジプト、チュニジアに小麦を輸出しているが、それは偶発的な輸出ではなく、維持し、つまり継続すべき戦略地政学的な輸出である。それらの国々に供給の安定性をもたらし、彼らの国内生産の向上を支援し、業界のあらゆる段階について彼らとともに歩んでいかなければならない。この意味でフランス語圏がすばらしい触媒の役目を果たす。

フランスの為政者は、経済外交のなかに——とくに地中海地域に関して——この穀物の観点をよりよく取り入れる必要があるだろう。世界的な資源地政学が明らかになっていくなか、地理的に有利な国々はその利点を正しく評価せざるを得ない。フランスの農業において好まれる軟質小麦は、ワインやアルコールと同様にフランスの食品貿易の主要製品の一つでもある。だが、人は蒸留酒やワインなしですませられても——ワインは文化的、「友好」の製品だ——人類の半分にとって小麦が歴史的で欠くことのできないもので、かつ消費も増えていることはこれまでに論じてきた通りだ。この小麦をもってして、フランスには二重に効率的な経済外交を推し進めるチャンスがある。事実、小麦の輸出は国の経済成長に寄与するだけでなく、輸入国の発展と安定性にも貢献する。フランスは世界全体を養う使命もないし、地球全体に小麦を行きわたらせる手段も持っていないが、世界の食料均衡に貢献し、地中海地域をはじめとして穀物競争において主要な役割を持続的に果たすことができる。たしかに競争は品質面も含めて激しくなっているが、フランス小麦はパフォーマンスに優れ、他国から求められ、期待され続けている。穀物力を自国のものとし、農業を国家戦略に再び組み入れることは、世界の小麦の需要が増えているなか、フランスの政策でしきりに言われる「生産の再建」の方向に進むことを可能にする。その上、小麦は生命に不可欠なものであり、死に至らしめるものではないのだ。フランス式経済外交において——貿易は国が擁護する道徳的原則と調和していなければならない——ラファール戦闘機よりも小麦を奨励するほうが一貫性があるのではなかろうか？　小麦によって、フランスの影響力と経済外交が表現されるのではないだろうか？　穀物大使が設置されるのはいつだろうか？　経済的パフォーマンスと、フランスの対外活動を規定する倫理原則を結びつけること、それが仏外務省の戦略が真に向かうべき方向性だ。それが、世界の商業と開発と人の安全を連携させることのできる経済外交なのだ。このことはすでに数年前に指摘されたが[21]、今ではフランスでより広く共有され始めている。世界は変化し、農業はリベンジに乗り出したということだ。

農業大国の新たな主張

世界的な食料問題は2022年に再浮上した。われわれヨーロッパ社会では何十年も前から食料安全保障の向上が見られていたなかで、それは多くの人々にとっては発見だった。2007〜08年に世界の一部を揺るがし、いくつかの国では社会的影響により国民の反乱を誘発した食料危機と関連づけて、食料問題の重要性を再発見した人もいる。国際的な金融の混乱と同時に起きたこの食料危機は、21世紀における農業がいまだに重要な役割を果たしていることを明らかにした。フランスでは、国立農業・食料・環境研究所（INRAe）と農業開発研究国際協力センター（CIRAD）のトップが次のような決定的な結論を発表した。

この表現には議論の余地があるかもしれないが、食料安全保障の権利は地球公共財の性質を持つと断言するべきだろう。最貧困と食料不安の状況は、政治的不安定、問題ある移民、紛争を生む主要因である。農業生産に必要な資源の獲得競争は、その有限性についてのますます強迫観念的な認識とともに増幅していく。〝牙城にこもる〟論理に負けるのではなく、住民が妥当な食料、必要な資源、生産にアクセスできることは公共の利益であると認められる。したがってさまざまな次元の食料危機に対応するだけでなく、不安定や危機を先取りし、解消するために行動できるような、農業と食料についての協議を促進し、共同のガバナンスの表現を定義することが重要だ。[22]

この認識は多国間主義の戦略のアジェンダでも、政府の優先課題でも、メディアの注目度でも長くは続かなかった。ところが、2022年2月のロシアの攻撃から始まったウクライナ戦争が、世界の食料安全保障の脆弱さや農業問題の深刻さについての認識を新たに呼び覚ました。戦争によって生じた不安定さは、農業実践と食料確保との均衡を長期的に少しずつ複雑にする緊張状態と無関係だと言うことはできない。[23]

世界の再軍備化の傾向や、食料を強制の武器として使う幾人かの為政者の意思をフランスは知らないわけではない。しかも、フランスのマクロン大統領は2022年9月に国連総会の公式スピーチでこのテーマについて何度か意見を表明している。それから少し後にも、この問題についてパリで開催されたフォーラムで、次のように発言している。

穏やかな商業の時代はある意味で過ぎ去った。現在進行中であり、ロシアによって進められているハイブリッド戦争の道具となった食料の地政学が確かに存在する。われわれにとっては有利でもありうる攻撃的な穀物外交が今後は存在するという事実を認識しなければならない。［中略］そのため、われわれは農業生産、気候変動への適応、移行の問題についてこれまでになく行動的であらねばならない。イノベーションや持続可能な農業のシステムを優先しなければならない。もちろん、この穀物と肥料の地政学が最も脆弱な国々や中所得国の利益になるように最大限の努力をしなければならない。だが、それらの国々により大きな独立性と持久力をもたらすためにみながいっしょに行動することも大事だ。［中略］農業と食料は未来に開けた部門である。したがって、それをいっしょになって誇示し、その部門がわれわれのフランスとEUの独立性、連帯する政策、ひいては現代の世界情勢の均衡の地政学のためのカギとなる部門になったことを示さなければならない[24]。

つまり、戦略地政学的と同様に地経学的な観点からの国際情勢の変化が、フランスをして新たな疑問を自らに問う、あるいは自らを疑問に付することに導いたのだ。フランスは世界の食料問題を過小評価したのだろうか？　自国の利益を守る展望から農業を見失ってさまよったのだろうか？　そうではない。多国間主義の国際組織へのフランスの貢献は減少したどころか、国連世界食料計画（WFP）、国際農業開発基金（IFAD）への支援が示すように、その反対だ。フランスは、G20首脳会合議長国だった2011年に農業市場情報システム（AMIS）を、EU理事会の議長国だった2022年には食料農業強靭化ミッション（FARM）を創設するイニシアティブをとる能力があった。地中海地域に関しては、2014年にこの地域のAMISに相当するMED-Amin（地中海農業市場情報システム）のプラットフォームをスタートさせ、今も維持し続けている。EUについても、歴代の仏政府はここ何年か共通農業政策（CAP）とその予算を擁護するために骨を折ってきた。それは一部の加盟国やある業界ではCAPの予算を減らす意向が強かったために容易なことではなかった。国内では、農業は依然として国の風景を象徴する部門であり、国の発展を方向づける民主的な議論の中心である。

それなら、なぜフランスの農業は侵食されているという印象を受けるのだろうか？「フランスは、食料とエネルギーの主権のための解決策として生産性の高い農業をまだ求めているのだろうか？」２０１８年にこの問いを投げかけたフランス農業部門の有力者の一人は、戦略的な方向転換をとらないリスクと状況について要約している。[25] 実際、世界の多くの地域では農業に力を入れ、食料安全保障に腐心しているのに対し、フランスでの議論は国内の社会的要望、「メイド・イン・フランス」の食品のレベルアップ、エコロジー移行に集中しているのだ。そうしたテーマも必要だが、それだけに限定することはもはやできない。このようなテーマに農業を限定すると、克服すべき課題と組み合わせたグローバルな視点[26]を失うリスクが大きくなる。農業部門と食料消費において進行している動きに逆行することは、農業システムを変容させ、長期的な進歩を刺激するための活発な熱意を促進せず、進歩しなくなる可能性がある。農業を専門家のみに限定した議論に細分化すれば、より多くの人々の意見を聞くことができず、その不安に応えられないという危険が大きくなるだろう。したがって、政治家、農業部門の人々、市民などあらゆる意見が見直されなければならない。農業の貿易収支も悪化しているのだから、[27] 急がねばならない。

現在進行中の保健、経済、地政学のショックは、ヨーロッパにとっての「快適な30年」［１９４６～75年の経済成長の目覚ましかった時期はフランスで「栄光の30年」と呼ばれるのに対し、著者は１９９０～２０２０年の30年間をヨーロッパにとって非常に快適で有利な時代だったとして、こう名づけている］の終わりを告げている。ヨーロッパは、物理的な不安定や、経済情勢による物不足、戦略的な居心地の悪さを再発見しつつ、再び自らの領土内で生産し始めなければならない。責任感を持ち明晰《めいせき》なＥＵはその機能システムの脱炭素化の膨大な取り組みに乗り出した。エコロジー移行にはコストがかかる。ヨーロッパの市民や消費者は、その多くが賛同する価値を自らの実践――まだ迷いがある――と合致させたいなら、コストを受け入れなければならない。この展望から、ＥＵレベルや仏国内のレベルで分散した秩序のまま進もうとすることは危ういように思える。関係者の協力と相乗効果を強化するべきだろう。克服すべき挑戦の大きさからして、集団的でプラグマティック、明敏で未来を予想した回答が必要だ。ある種の喜びのある熱意が必要だ。そうでなければ、何も得られない。個々人が偏狭とあきらめに陥らないためには、変化を遂げて成功するために力を合わせることを呼びかけるべきだろう。

不平等と暴力ばかりでなく、利益と関連性の総合的見地から、地理による読み解きが世界各地で復活した。主権ということがヨーロッパも含めて浮上した。だが、それはヨーロッパにとっては閉鎖と保守主義の同義語ではなく、防御と再活性化の概念である。陸上、海上、宇宙、サイバー空間などあらゆる空間で地政学が目覚めた。人類の日常生活の不安定さが強まりつつ、気候問題も高まった。農業と食料は、断絶と相互依存の論理に完全に飲み込まれている。日々の糧を得ることは必須事項だ。したがって、生産することは最重要事項である。なぜ生産するのかと問うことができないなら、だれのために生産するか、という点について問いかけることはできるだろう。一つ一つの農産品はそのための市場と需要に対応する。毎日、世界の何十億人の生活に必要な小麦の場合は、行動の範囲は必然的に大きい。フランスとその農産物についての考察を例をとると、小麦は連帯的主権の選択を体現する。国の安全保障のために貴重な小麦、世界の食料均衡に決定的な役割を果たす小麦だ。

こうした外部への貢献はまず第一に、EUと地中海という2つの地域に関わることはすでに述べた。EUについては、戦略の方向は域内における重要な生産と自立性を模索することにあるが、農業と小麦がその考察に含まれないのは驚くべきことだ。グリーンディールと地政学上の欧州——各市民の生活に必要な生産を確保し守ること——の目的を組み合わせることが課題だ。地中海レベルでは、潮流はまったく別のものだ。各国の立場はまったく不変ではなく、小麦を持つフランスが地中海の対岸への影響力を保障されていると考えるのは行き過ぎだろう。ほかの穀物大国がすでに存在しており、そのなかにはさらに参入度を高めようとしている国もある。ウクライナは数年前からエジプトとチュニジアの市場に参入している。ロシアはエジプトに参入し、アルジェリアに入り込もうとしている。しかも、並行してフランス小麦の品質や、そのEU域外の市場への持続供給についての偽情報戦略も使っている。こうした策略は北アフリカ諸国の困難な状況が強まるにつれて浸透しやすくなっている。北アフリカの国々は単に量と原産国に注意を払うだけでなく、通貨変動や外交の変化を背景にコストパフォーマンスを問おうとする。したがって、小麦取引は地中海と同様に世界でも農業と切り離され、穀物業者の思惑を超えた政治的・経済的パラメーターを多く含んでいる。新型コロナウイルスのパンデミックとウクライナ戦争によって生じた変動により、世界の国々は以前よりも市場に介入するようになり、国の安全と安定のために重要な穀物ビジネスが、農業・食料分野の外部にある戦略的変化ともはや切り離して考えることはできないかのように、その行方を手中に取り戻すことを望んでいるようだ。

＊＊＊

小麦取引はつねに地政学との関係が深かった。今後もそうであろうし、現在進行中の国際関係の変化に関連した新たな要素を取り込んでいくだろう。したがって、フランスはこうした動きを踏まえて、今後の穀物生産をどうするかを考えていかねばならない。小麦がフランスの経済外交と国際協力の一つの柱を形成しているのなら、小麦はそのように栽培され、その観点から提示されるべきだろう。小麦は、われわれの野心を表現するなかで価値を高めるべき産品だ。インヴィヴォ［フランス最大の農業協同組合］が穀物商社の国内トップ（あるいは将来はヨーロッパのトップ）になるべく、スフレグループを２０２２年に買収したこともその一例だ。

いくつかの国が農業・食料の相互依存を武器として使おうとしているなかで、フランス、より広く言えばＥＵはポジティブな外交と連帯的地政学によって、それらの国と差別化するべきである。ほかの国々に小麦を買うよう脅したり、穀物依存を理由に国連で投票するように脅したりしてはならないし、食料安全保障問題に集団的な長期的解決策が求められている状況にあるのに、現在と将来の世界の問題から目をそむけてはならない。したがって、提案すべきは、商業、経済、科学技術外交の面だろう。農業や小麦の問題に関わる学識、知識、経験を共有すること、それが集団的な知性の普遍的な力に賭けることである。[28] フランスは外国に多くのものをもたらしているが、外国から受け入れること、外国のイノベーションを知ること、外国の期待を理解することも学ばなければならない。小麦は平和のためのチャンスである。そのメッセージをフランスは意識して育てなければならない。なぜなら、パワーはパフォーマンスと可能性以上に拡散すべきメッセージであり、行動の理想であり、約束された回答だからだ。

結論

　非常に古い活動である農業は21世紀においてなお、為政者や投資家の注意がそれることのない戦略的部門に属する。農業は絶え間なく革新され、その未来は開けている。その歴史的な第一の使命は現在でも明白だ。地球上に増え続ける人間を養うことだ。この点から、食料は保障すべき人類の安全において重要な要素だ。貧困、戦争、気候という三重の悲劇から生じる飢餓や食料不安は、世界や社会の安定性にとって大きなリスクとなる。飢餓や食料不安は、ある地域における恵まれない自然や、現地の需要に応えるにはパフォーマンスが不十分な農業構造に関係する場合もある。食料不足は供給の安全に不利な要因の組み合わせによって生まれる場合もある。このことから、食料安全保障の重要なカギを数え上げる際、平和、ガバナンス、信頼という3つの重要性を決して過小評価してはならない。

　穀物、とりわけ小麦は、こうした農業問題の地政学をよく表している。穀物と小麦は最初の古代文明以来の重要な一次産品であり、現代の食料安全保障の分野で避けて通ることのできないものだ。小麦は、それを消費する世界の半分近い人々にとって貴重な資源であることは明らかだ。また、小麦を生産しかつ輸出することのできるいくつかの国の国内経済、国際的影響力にとっても重要でもある。さらに、需要と供給を結びつける多くの事業者を擁して地域市場や世界市場で日々取引する穀物商社の看板商品の一つでもある。小麦の取引とモビリティは、短い距離であれ、長い距離であれ、地上輸送であれ、海上輸送であれ、非常に重要なものであることは明らかだ。

こうした事実から多くの疑問が生まれてくる。本書では小麦に関するさまざまな問題を時間と空間においてたどってきたが、ここで、より深刻な疑問が浮かんでくるはずだ。世界の安全にとって重要な小麦は、ある人々にとっては平凡な産物であり、ほかの人々にとっては優先的な産物になったのだろうか？　必然的にフランスに目が向けられる。なぜなら、この国は、小麦の生産部門を再建し、競争力のある経済力を維持し、同時に外交のロジスティクスを発展させるという一連の特殊性を経験しているからだ。フランスは農業大国であり、小麦の世界の立役者である。わが国はその立場を受け入れて、責任を引き受け、おそらく小麦により重きを置くという選択をして国力を再定義しなければならない。

この国威の発揮にはいくつかの次元がありうる。まずは、ＥＵと地中海を優先するという地域的かつ国際的な立場を表明すべきだという地理的次元。また、フランスにとって構造的な課題についての戦略的議論を促すさまざまな問いについても複数の次元がある。全国土における雇用、国内の生産・工業キャパシティ、経済の脱炭素化と新モデルの創造のための手段と時期の問題、人間と植物の健康のための保存とイノベーション、国民の保護と基本的な安全、国際協力と連帯といった問いだ。

国際情勢の趣きが変化し、他と差別化できる自らの利点や行き方についてＥＵの責任が求められる状況にあって、小麦はフランスだけでなくＥＵの地政学アジェンダすべてに関わっている。生産、気候、外交という同時進行の闘いにおいて、小麦については多くのポジティブな未来の可能性がある。それらの可能性をみなで特定し、準備し、具体化し、かつ集団的に考えて実現する必要性を見失うことのないようにしたいものだ。

謝辞

本書は特殊な本である。本書は2015年に出版された本の再版でもなければ、単なる更新版でもない。近年起きた事柄や変化に応じて考え直し、構成を再考し、文章を書き直したかった。農業の世界をよりよく知り、多分野の人々と出会い、それによって別の考え方に導かれるにつれて、本書を改造していった。視野を広げ、複数のアプローチを組み合わせ、議論を育てていくにつれて、私は自分の興味と驚きの範囲を広げていった。進めていくにつれて多数の疑問が湧いてきたが、詳細な、あるいは明確な答えはない。農業や食料の問題は、ローカルであれ、国内、国際的なものであれ、複雑で不透明だ。それに、将来も踏まえて考えるなら、結論を出す必要はないのではないか？　とはいえ、私はかなり以前から一つの信念に突き動かされている。農業のきわめて地政学的な側面だ。それなしには食料の安全保障はない。食料安全保障がなければ、地球の安定はない。

われわれは皆、われわれを養う農業従事者、その多くが具体的に持続可能開発に取り組んでいる農業従事者に依存している。彼ら、彼女らは人々の生命、そして地球の持続性をその手中に握っている。その二重の使命を彼らが果たせるように、われわれは彼らと対立するのでなく、彼らの側にいるべきだ。それが私の第2の信念である。変えるためには結集しなければならないということだ。食料を生産し、それを万人が入手できるようにするためには——しかも、非常に分裂した社会的・政治的、物流的、気候的な状況にあってエコシステムの耐久性を強化し、食品の安全性を保障しつつ——、無秩序なやり方で行動することは分別のあるやり方だろうか？　解決すべき問題はあまりに膨大だ。そのためには、集団的な戦略、能力の結集、常なる融合、継続する共同の努力が必要である。成功するための陽気な情熱の総計だ。

一冊の本も集団の総計である。私が人生のなかで出会う機会に恵まれ、地政学と農業を組み合わせることに導いた人たちに正当に感謝を捧げるには1冊の本が必要だろう。したがって、私の深い感謝をここで表明するには、決定的な役割を果たした人々に限定せざるを得ない。まずは、本書の出版計画を実現に導いてくれたエリック・ティルアン氏とフィリップ・エレゼン氏。そして、デュノ＝アルマン・コラン社のスタッフである、すぐに興味を抱いてくれたジャン・アンリエット氏、図表を担当したカール・ヴォワイエ氏、編集のジュリー・ベニ氏。また、原稿を読んで批判して下さったフィリップ・エヴァーラン、エリック・ドルードル両氏、市場の動向についての重要なデータをもたらしたアルチュール・ポルティエ氏にも感謝を捧げたい。２０１５年版を発展させて豊かにするために議論した人々や仲間となった人々、本書の着想の元となった人や、ここ数年のうちに小麦の地政学について活発にやり取りした人たちについても忘れてはいない。その人たちは、アブデルローザ・アバシアン、パトリス・オーギュスト、アントワーヌ・ボール、グザヴィエ・ブラン（故人）、ティエリー・ブランディニエール、ジャン＝ポール・ボルド、クリスティアン・コルドニエ、マキシム・コスティレス、ピエール＝オリヴィエ・ドレージュ、フランソワ・ガテル、ディディエ・ネドレック、ピエール・レイエ、フィリップ・ユセル、パスカル・ユルボー、ジル・キンデルベルジェ、クリスティアン・ランベール、マリー＝エレーヌ・ルエナフ、ヘルヴェ・ルステュム、ラファエル・ラッツ、ジャン＝セバスティアン・ロワイエ、ジャン・フランソワ・ロワゾー、フランソワ・リュゲノ、ロラン・マルテル、アルノー・プティ、フィリップ・パンタ、ルドルフ・ケナルデル、ラシャ・ラマダン、ジョエル・ラテル、ディディエ・ルブール、ジャン＝クリストフ・ルバン、オリヴィア・リュッシュ、クリスティーヌ・トン・ニュ、ベルナール・ヴァリュイスの各氏である。

農業と食料についての思考を練り上げて総合的で戦略的な分析をもたらすよう私を応援してくれたクラブ・デメテールにも感謝を捧げる。未来を予測するリサーチを奨励し、２０１７年以来、われわれがいっしょになって「より遠く、より長期的に、より幅広く」見通せるよう奨励してきたこのクラブを率いるよう私に信頼を寄せ、将来的研究を鼓舞してくれたメンバー企業の経営者の皆さんにもお礼申し上げる。なかでも、第１級の農業分野の指導者、クラブの事務局メンバー、クラブ発展の推進者であるクリストフ・ビュラン、フランソワ・デプレ、ティエリー・デュポン、セリーヌ・デュロック、パスカル・ジリ、ニコラ・ケルファン、ミシェル・ポルティエ、アルノー・ルソー、フランソワ・シュミット各氏に感謝する。彼らは農業の地政学についての私の思考を常にかく乱してくれた。

活動的で、創意に富み、補佐してくれたクラブ・デメテールの同僚にも感謝したい。以前にはピエール＝マリー・ドコレ、フロランス・ヴォワザン、ジェレミー・ドニュエル、マチュー・ブラン、現在ではクレール・ド・マリニャン、ディアンヌ・モルダック、アナイス・マリー、アニサ・ベルタン、ローラ・ドミュルタの各氏。あなたがたは未来だ。あなたがたは農業・食料問題についての戦略的分析の中心にいるのだから、すでに正しい道にいるのだ。

補完的視点であったり、まったく違う視点であったり、私に別の見方をさせてくれたほかの分野の方々にも恩義を感じる。学術界の著名な専門家の方々、教育界のすばらしい学生たち、メディア界のベテラン記者たち、私が市民としての義務を感じる政府関係の人たちだ。ここでもさまざまな分野の多数の方々を挙げることができる。なかでも過去数ヶ月のあいだに重要な役割を果たした人々の名前を挙げるにとどめたい。デルフィーヌ・アルコック、グザヴィエ・オレガン、ダヴィッド・バヴレ、ナタリー・ベロスト、アラン・ボンジャン、ジャン＝ジョセフ・ボワロ、エマニュエル・ボッタ、ジャン＝バティスト・ブルシエ、アルノー・カルポン、ジャン＝マルク・ショーメ、マリー＝フランス・シャタン、フィリップ・ショケ、ティエリー・ショパン、バーテレミー・クルモン、シリル・クタンセ、クリストフ・ダヴィッド、ダヴィッド・ド・アルメダ、ロドルフ・ド・スグリー、ティエリー・ド・レスカイユ、アンジェロ・ディ・マンブロ、エマニュエル・デュクロ、エルヴィール・ファブリ、ドニ・フェラン、ジャン＝フランソワ・フィオリナ(故人)、セナン・フロレンザ、エディ・フジエ、ソフィー・ガストラン、カトリーヌ・ジェスラン＝ラネエル、エティエンヌ・ゴーツ、ギヨーム・ゴメス、オンブリーヌ・グラ、マチュー・グルサ、ブリューノ・エロー、ジャン＝ジャック・エルヴェ、イヴ・ジュグレル、ユーグ・ド・ジュヴェネル、フランソワ・ド・ジュヴェネル、アリ・ライディ、マルク＝アントワーヌ・ルフェーヴル・ド・サンジェルマン、ブリューノ・ル・ジョセック、ギヨーム・ロール、バルバラ・ロワイエ、アレクサンドル・マルタン、ベアトリス・マチュー、カンタン・マチュー、フィリップ・モーガン、ニコラ・マズッチ、リュカ・メディアヴィラ、ミウブ・メズアギ、パトリス・モワイヨン、ジュリエット・ペルラン、パスカル・ペリ、エロイーズ・ペステル、バティスト・プティジャン、マリーナ・プリアス、オリヴィエ・レイ、パトリス・ロムデンヌ、マリー＝エレーヌ・シュウォブ、ジョズエ・セール、ルネ・シレ、エリック・テーヌ、ジュリア・タス、ヴィクトール・タンザレラ、ミレーヌ・テステュ、シャルル・テポー、ペリーヌ・ヴァンデンブルック、マリー＝ジュヌヴィエーヴ・ヴァンデサンドの各氏。

長い期間にわたって私に伴走し、公私ともに親切にアドバイスをいただいた人たちにも深い感謝と敬意を表したい。ディディエ・ビリオン、ピエール・ブラン、ジャン＝フランソワ・クスチリエール、パオロ・デ・カストロ、クリストフ・デキット、ヴィンチェンゾ・フェルシーノ、ベルトラン・エルヴュー、コジモ・ラシリニョーラ（故人）、ジェローム・ラヴァンディエ、ジアンルカ・マニャネーリ、ティエリー・パウチ、プラシド・プラッツァ、リシャール・ラジュカ、モハメッド・サディキ、ヤスミーヌ・セギラートの各氏。あなたがたはすばらしい指標だ。

最後にお二人に別々にお礼を言いたい。一人はパスカル・ボニファス氏だ。ある日、氏の著書を読み、話を聞く機会に恵まれて以来、氏の著書や分析を一つも逃さなかった。そのことはひどく寛大で氏のイメージに合った序文に表現されている。もう一人はジャン＝フランソワ・イザンベール氏である。あらゆる資質を持ち、いくつかの最上級の評価を受ける人だが、氏は未来に欠かせない希望を私にもたらすために適切な言葉を見つけることができる人だから、氏とともに世界を一から見直すことがしばしばある。私はあなたがた二人のキャリア、人物、信念に大きな尊敬を抱いている。お二人は私のキャリアにとって2つの羅針盤である。

私の家族と妻の家族についていては、彼らは多様性と好奇心と根気と献身の反映である。心からの敬意を捧げたい。その家庭空間は農業界とは無関係なのだが、農業界といくつかの性質を共有しており、しばしば不謹慎にも既知の空間を泳いでいるような気がする。

努力することと他人のことを思うこと。人生を進んでいくために欠かせないこの2つの原動力を伝えてくれた両親に限りない感謝を捧げる。

その2つの原動力を、娘のエマとジョイアが情熱と判断力を持って人生を送れるように伝えていくように心がけている。私がこれを書いている瞬間、わずか500週と20週の年齢ながら、二人はすでに私の最も大きな誇りである。

最後に妻のイェンに対しては、しばしばあえて告白することもあるのだが、私たちは永遠であるとだけ言っておこう。

マルセイユ=フォス港が120万トン、ボルドー港が70万トンである。ヨーロッパレベルでは、黒海沿岸のルーマニアのコンスタンツァ港のほかには、北部の主な港はポーランドのグディニア、リトアニアのクライペダ、ラトビアのリガとリエパーヤである。

7 J.-M. Bournigal et N. Ferenczi, « Les enjeux systémiques de la logistique dans la filière céréalière française », in *Annales des Mines - Réalités industrielles*, mai 2020

8 T. Pouch et M. Raffray, *La pandémie et l'agriculture, un virus accélérateur de mutations ?*, Éditions La France Agricole, 2022

9 E. Fougier, *Malaise à la ferme. Enquête sur l'agribashing*, Éditions Marie B., 2020

10 S. Abis (sous la dir), *Le Déméter 2023. La durabilité à l'épreuve des faits*, IRIS Éditions, Club DEMETER, Février 2023

11 J. Denormandie, « Nos agriculteurs sont des soldats du climat », in *Les Echos*, 10 novembre 2021

12 B. Hervieu, F. Purseigle, *Une agriculture sans agriculteurs*, Les Presses de Sciences Po, 2022, p. 213

13 あらゆるストレスの要因は植物に害を与えることに寄与する。それらは生物的なものと非生物的なものとに区別され、前者は有機体(昆虫、細菌、ウイルスなど)によるもの、後者はその他の要因(干ばつ、光不足など)によるもの。

14 S. Brunel, *Pourquoi les paysans vont sauver le monde*, Buchet-Chastel, 2020

15 J. Wainstein, *L'équation alimentaire. Nourrir le monde sans pétrole en réparant la nature et le climat*, Éditions La France Agricole, 2022

16 植物化学は、石油由来の炭素を植物由来の炭素に置き換えるために、原料として植物を利用する。ゆえに、化石燃料への依存を緩和する役割が期待されている。

17 H. Le Stum (sous la coordination), *Le blé*, Éditions La France Agricole, 2017, p. 195 à 208

18 J.-M. Lecerf, *La joie de manger. Nourrir, réjouir et réunir*, Les éditions du Cerf, 2022

19 H. De Benoist, *Le blé, une ambition pour la France*, Tallandier, 2019, p. 35

20 Jean-François Isambert, agriculteur, vice-président d'Unigrains et président du Club DEMETER, est l'auteur de cette formule

21 S. Abis et T. Pouch, *Agriculture et mondialisation. Un atout géopolitique pour la France*, Paris, Presses de Sciences Po, 2013

22 M. Guillou et G. Matheron, *Neuf milliards d'hommes à nourrir*, François Bourin Éditeur, 2011, p. 359

23 S. Abis et D. Mordacq, « La fragilité alimentaire mondiale et la guerre d'Ukraine », in *Politique étrangère*, n° 03 / 2022, p. 25-37

24 2022年10月21日にパリで欧州・外務省とDEMETERクラブ共催のフォーラム「世界の食料安全保障の新たな地政学。フランスとEUのポジションは?」におけるマクロン大統領の開幕スピーチ

25 パリで開催されたRencontre OléoProでA.Rousseau氏が2018年11月29日に行った閉幕スピーチ。

26 H. Gaymard, *En campagne pour l'agriculture de demain. Propositions pour une souveraineté alimentaire durable*, Rapport de l'Institut Montaigne, octobre 2021

27 L. Duplomb, P. Louault et S. Mérillou, *La compétitivité de la ferme France*, Rapport d'information fait au nom de la commission des affaires économiques du Sénat, septembre 2022

28 R. Naam, *The infinite resource : the power of ideas on a finite planet*, University Press of New England, 2013

on the status of new genomic techniques under Union law and in light of the Court of Justice ruling in Case C-528/16, 29 avril 2021

24 T. Mukherjee, « Agroterrorism : A Less Discussed Yet Potential Threat to Agronomy », *Science and culture*, vol. 87, p. 120-126, avril 2021

第 7 章

1 S. Abis, D. Billion, « Du village planétaire à la place du village ? », *Revue internationale et stratégique*, nº 118, p. 58-63, été 2020

2 P. Blanc et T. Pouch, « Un monde plus instable, radicalement incertain et sans gouvernance réelle : l'agriculture comme démonstration », in S. Abis (sous la direction), *Le Déméter* 2019, Club DEMETER, IRIS Éditions, 2019

3 J. de Castro, *Géopolitique de la faim*, Paris, Éditions Ouvrières, 1952, p. 14. 原題は Geopolítica da Fome（1951）。『飢えの地理学』（国際食糧農業協会訳 /1955 年 / 理論社）、『飢餓社会の構造―飢えの地理学』(大沢邦雄訳 /1975 年 / みき書房)

4 P. Collomb, *Une voie étroite pour la sécurité alimentaire d'ici à 2050*, FAO, Economica, 1999

5 F. Courleux, J. Carles. « Le multilatéralisme agricole depuis l'OMC : entre échec et renouveau », in S. Abis et M. Brun (sous la direction), *Le Déméter* 2020, Club DEMETER, IRIS éditions, p. 63-79, 2020

6 Cité dans J. De Castro, *Géopolitique de la faim*, Paris, Éditions Ouvrières, 1952, p. 12（原注 3 の『飢えの地理学』より）。

7 これは世界人口の 10%にあたる。1960 年代は 30%だった。

8 FAO, IFAD, UNICEF, WFP and WHO, *The State of Food Security and Nutrition in the World 2022. Repurposing food and agricultural policies to make healthy diets more affordable*, FAO, 2022（「2022 年世界の食料安全保障と栄養の現状 (SOFI)：健康な食生活を手ごろに入手可能にするための食料・農業政策の見直しを」）

9 D. Natalini, A.W. Jones, G. Bravo, « Quantitative Assessment of Political Fragility Indices and Food Prices as Indicators of Food Riots in Countries », in *Sustainability*, vol. 7, nº 04, p. 4360-4385, avril 2015

10 IPES-Food, *Systèmes alimentaires mondiaux. À nouveau en eaux troubles*, Rapport spécial, mai 2022

11 B. Valiorgue, *Refonder l'agriculture à l'heure de l'anthropocène*, Le Bord de l'eau, 2020

12 M. Delmas-Marty, *Aux quatre vents du monde. Petit guide de navigation sur l'océan de la mondialisation*, Seuil, 2016

13 Y. Jégourel, « Le multilatéralisme aujourd'hui affaibli demeure une condition sine qua non de la diplomatie des matières premières », *Le Monde*, 16 juillet 2022

14 2015 年 1 月、フランシスコ教皇はイタリアの農業関係者を前に次のように発言した。「パンのことでふざけることはできない！ パンはある意味で人の命の神聖さに属するものであり、したがって単なる商品として扱うことはできない」

第 8 章

1 A. Laïdi, *Histoire mondiale du protectionnisme*, Passés composés, 2022

2 M. Baumont, *Le blé*, Paris, Presses universitaires de France, 1943, p. 13.

3 著者不明。« Le problème du pain cher », *Futuribles*, nº 271, juillet 2002。この記事は 1912 年に「*Lectures pour tous*」誌に掲載された文章を引用している。

4 J. Abécassis, J. Massé et A. Allaoua (sous la coordination), *Blé dur. Synthèse des connaissances pour une filière durable*, Quæ, Arvalis, 2021

5 H. Lejeune (sous la direction), *Et si l'agriculture était la solution ? L'agriculture française en 2035… les scénarios à l'horizon 2050*, Éditions La France Agricole, 2021

6 2011 ～ 2021 年の 10 年間で、ルーアンは年間平均 710 万トンの穀物を積荷にして輸出した。それに続くのがラロシェル＝パリス港で 500 万トン、ダンケルク港が 250 万トン、

Climate Change in the Middle East and Central Asia, International Monetary Fund (IMF), Departmental Paper nº 2022/008, mars 2022
5 CIHEAM (Eds), *MediTERRA 2018 : Migrations et développement rural inclusif en Méditerranée*, Presses de Sciences Po, 2018
6 P. Blanc, *Terres, pouvoirs et conflits : une agro-histoire du monde*, Presses de Sciences Po, 2018 ; O. Lazard, « Le pouvoir du sol : comment notre climat précaire a façonné le Printemps arabe », in *Middle East Eye*, janvier 2021 ; P. H. Gleick, « Water, Drought, Climate Change and Conflict in Syria », in *Weather, Climate and Society*, vol. 6, nº 03, p. 331-340, juillet 2014
7 E. D. G. Fraser, A. Rimas, *Empires of Food. Feast, Famine and the Rise and Fall of the Civilizations*, Arrow Books, 2010
8 G. Benoit, « L'agriculture, la terre, l'eau et le climat. Solutions pour un monde en transition » in *Futuribles*, nº 438, p. 5-28, septembre-octobre 2020
9 X. X. Bai, Y. Huang, W. Ren, M. Coyne, P.A. Jacinthe, B. Tao, D. Hui, J. Yang, C. Matocha, « Responses of soil carbon sequestration to climate-smart agriculture practices : a meta-analysis », in *Global Change Biology*, Vol. 25, nº 08, p. 2591-2606, avril 2019 ; D.A. Bossio, S.C. CookPatton, P.W. Ellis, J. Fargione, J. Sanderman, P. Smith, S. Wood, R.J. Zomer, M. von Unger, I.M. Emmer, B.W. Griscom, « The role of soil carbon in natural climate solutions », in *Nature Sustainability*, vol. 3, nº 05, p. 391-398, mars 2020
10 N. Lakhani, « The race against time to breed a wheat to survive the climate crisis », in *The Guardian*, juin 2022
11 生物群集に影響を及ぼす生態系の物理・化学的要因、生物に対する非生物の働きかけ（気温、光、水）。
12 生態系における、生物による生物に対する相互作用。
13「栽培品種」とは「栽培された品種」あるいは「園芸品種」、一般的には「品種」と同義語である。
14 こうして、小麦のある種の品種の遺伝形質のうちで遺伝子を正確に特定し、ほかの品種に導入することもできる。遺伝子の向上により作物の栄養素を豊富にする「生物学的栄養強化」である。
15 この「植物のノアの箱舟」は深さ 120m の貯蔵庫で、世界中の 100 万以上の種を保存している。2015 年にシリアのアレッポにある国際乾燥地農業研究センター（ICARDA）の遺伝子バンクが内戦による戦闘や爆撃で破壊されたとき、科学者たちは失った種の複製をスヴァールバル種子貯蔵庫で見つけることができた。
16 A. P. Bonjean, P. Monneveux, M. Zaharieva. « Les blés des oasis sahariennes : des ressources génétiques de première importance pour affronter le changement climatique », in S. Abis (sous la direction), *Le Déméter 2019*, Club DEMETER, IRIS éditions, p. 311-320, 2019
17 FAO, CIHEAM (eds), *Mediterra 2016: Zero Waste in the Mediterranean. Natural Resources, Food and Knowledge*, Les Presses de Sciences Po, 2016
18 第 5 章のラテンアメリカとアルゼンチンの項目を参照されたい。
19 S. Yeone Jeon, « Managing risk in the regulatory state of the South : the case of GM wheat in Argentina », in *Review of International Political Economy*, juillet 2022
20 遺伝子導入とは、生物に一つあるいはいくつかの遺伝子を導入すること
21 S. Li, C. Zhang, J. Li, L. Yan, N. Wang, L. Xia, « Present and future prospects for wheat improvement through genome editing and advanced technologies », *Plant Commun*, vol. 2, juin 2021
22 A. P. Bonjean, « L'édition de gènes, un outil indispensable à l'agriculture du xxie siècle ? », in S. Abis (sous la direction), *Le Déméter 2019*, Club DEMETER, IRIS éditions, p. 199-214, 2019
23 Commission staff working document, *Study*

17 D. Richards, *Australia ; Production and Marketing of Grain for Export : A Competition Report*, Fb&c Limited, 2017
18 この地域には、アルジェリア、サウジアラビア、バーレーン、エジプト、アラブ首長国連邦、イラク、イラン、イスラエル、ヨルダン、クウェート、レバノン、リビア、モロッコ、モーリタニア、オマーン、カタール、シリア、パレスチナ自治領、チュニジア、トルコ、イエメンが含まれる。
19 S. Abis, *Pour le futur de la Méditerranée : l'agriculture*, Paris, L'Harmattan/iReMMO, 2012
20 ONU, *World Population Prospect. The 2022* Revision, 2022
21 30年ぶりの厳しい干ばつに見舞われた2022年、小麦の生産は2021年に比べて70%減となる270万トンに落ち込んだ。モロッコは国内生産の不足を補うために、国際市場でより多くの小麦を買わざるを得なかった。
22 S. Abis, M. Sadiki, *Agriculture et climat : du blé par tous les temps*, Max Milo, IRIS Éditions, 2016
23 Y. Sayigh, *Owners of the Republic : An Anatomy of Egypt's Military Economy*, Carnegie Endowment for International Peace, 2019
24 J. Hansen-Lewis, J. N. Shapiro, « Understanding the Daesh Economy », in *Perspectives on Terrorism*, vol. 9, n° 4, Special Issue on the Islamic State, p. 142-155, août 2015
25 A.M. Linke, B. Ruether, « Weather, wheat, and war : Security implications of climate variability for conflict in Syria », *Journal of Peace Research*, vol. 58, n° 01, p. 114-131, janvier 2021
26 Y.A. Yigezu, M.A. Moustafa, M.M. Mohiy, S.E. Ibrahim, W.M. Ghanem, A.-A. Niane, E. Abbas, S.R.S. Sabry, H. Halila, « Food Losses and Wastage along the Wheat Value Chain in Egypt and Their Implications on Food and Energy Security », in *Sustainability*, Natural Resources and the Environment, vol. 13, n° 18, août 2021
27 R. Ramadan, « Where does the Egyptian Food Subsidy go ? », *Watch Letter*, n° 30, CIHEAM, septembre 2014, p. 48
28 R. Zurayk, *Food, Farming and Freedom, Sowing the Arab Spring*, Just World Books, 2011
29 A. Ciezadlo, « Let Them Eat Bread ; How Food Subsidies Prevent (and Provoke) Revolutions in the Middle East », in *Foreign Affairs*, mars 2011
30 C. Breisinger, Y. Kassim, S. Kurdi, J. Randriamamonjy, J. Thurlow, « Food subsidies and cash transfers in Egypt : Evaluating general equilibrium benefits and trade-offs », MENA RP Working Paper n° 34, International Food Policy Research Institute (IFPRI), 2021
31 こうした食料補助金はつねに効率的とは言えない。田園地帯よりは都市に有利であることが多く、よくあるスキャンダル（汚職、補助金を受けたパンを家畜に回すなど）を避けられない。
32 S. Abis, A. Bertin, « La guerra en Ucrania agrava la inseguridad alimentaria en el Mediterráneo Sur », in *Afkar Ideas*, n° 66, IEMED, Politica Exterior, p. 24-27, juillet 2022

第6章

1 *Intergovernmental Panel on Climate Change* (IPPC), Climate Change 2021, The Physical Science Basis : Summary for Policymakers, août 2021
2 J. Jägermeyr, C. Müller, A. C Ruane, « Climate impacts on global agriculture emerge earlier in new generation of climate and crop models », *Nature Food* n° 02, p. 873-885, novembre 2021
3 J.-J. Hervé, H. Le Stum, « Sibérie, futur grenier à grains du monde ? », in S. Abis, M. Brun (sous la direction), *Le Déméter 2021. Produire et se nourrir dans un monde déboussolé*, Club DEMETER, IRIS Éditions, p. 41-60, 2021
4 C. Duenwald, Y. Abdih, K. Gerling, V. Stepanyan, *Feeling the Heat : Adapting to*

Abis et M. Brun (sous la direction), *Le Déméter 2022. Alimentation : les nouvelles frontières*, Club DEMETER, IRIS Éditions, février 2022, p. 235-247 ; B. Valiorgue, « Quelle raison d'être pour la PAC à l'heure de l'Anthropocène ? », in *Pour*, n° 243, printemps 2022, p. 73-79
11 H. J. Mackinder, «The Geographical Pivot of History», *The Geographical Journal*, vol. 23, n° 4, avril 1904, p. 421-437.『マッキンダーの地政学―デモクラシーの理想と現実』（原書房 /2008 年）の付録「地理学からみた歴史の回転軸」
12 J.-J. Hervé, *L'agriculture russe. Du Kolkhoze à l'hypermarché*, L'Harmattan, 2007
13 C. Dufy, S. Barsukova, « Sécurité alimentaire et marché. Représentations des acteurs du monde agricole dans la Russie des années 1990-2010 », in *Revue d'études comparatives Est-Ouest*, n° 48, p. 57-84, janvier 2017
14 Q. Mathieu, T. Pouch, « Russie : un retour réussi sur la scène agricole mondiale. Des années 1990 à l'embargo », in *Économie rurale*, n° 365, p. 103-118, juillet 2018
15 M. Baumont, *Le blé*, Presses Universitaires de France, 1943
16 T. Snyder, *Black Earth : The Holocaust as History and Warning*, Crown Edition, 2016

第 5 章

1 R. Laufer, « Les Nouvelles routes de la soie et l'Amérique latine : un autre Nord pour le Sud ? », in B. Duterme (sous la dir.), *Chine : l'autre superpuissance*, Éditions Syllepse, 2021, p. 83-103
2 C. Sheridan, « Argentina first to market with drought-resistant GM wheat », *Nature Biotechnology*, n° 39, vol. 652, juin 2021
3 A. Hernández-Vásquez, F. J. Visconti-Lopez, H. Chacón-Torrico, D. Azañedo, « Covid-19 and Food Insecurity in Latin America and the Caribbean », Journal of Hunger & Environmental Nutrition, juin 2022
4 L. R. Brown, *Who Will Feed China ? – Wake – Up Call for a Small Planet*, W. W. Norton & Company, 1995
5 W. Angus, A. Bonjean, M. Van Ginkel, *The World Wheat Book. A History of Wheat Breeding*, vol. 2, Lavoisier, 2011
6 S. Boisseau du Rocher et E. Dubois de Prisque, *La Chine e(s)t le monde : essai sur la sino-mondialisation*, Odile Jacob, 2019
7 W. Jing'ai, Shunlin L. Shunlin, S. Peijun, *The Geography of Contemporary China*, Springer international Publishing, 2022
8 J.-M. Chaumet et T. Pouch, *La Chine au risque de la dépendance alimentaire*, Presses Universitaires de Rennes, 2017
9 N. Bastianelli, *Quand la Chine s'éveille verte*, Les Éditions de l'Aube, 2021
10 W. Xie, J. Huanga, J. Wanga, Q. Cui, R. Robertson, K. Chenb, « Climate change impacts on China's agriculture : The responses from market and trade », in *China Economic Review*, vol. 62, août 2020
11 J. H. Perkins, *Geopolitics and the Green Revolution. Wheat, Genes, and the Cold War*, New York, Oxford University Press, 1997
12 インドの人口は 2020 年代に中国を抜き、2060 年頃に 16 ～ 17 億人というピークを迎えると予想される。
13 M. Chakrabarty, « Climate change and food security in India. Domestic and global solutions », in A. S. Upadhyaya, Å. Kolås, R. Beri (eds), *Food Governance in India. Rights, Security and Challenges in the Global Sphere*, Routledge India, chap. 10, 2022
14 J. Racine, « Géopolitique de l'agriculture indienne », *Hérodote*, n° 156, p. 29-49, 2015 ; F. Landy, « Inde, une agriculture en crise », *Paysans & société*, n° 386, p. 29-36, 2021
15 A. Mamun, J. Glauber, D. Laborde, « How the war in Ukraine threatens Bangladesh's food security », The IFPRI Blog, 20 avril 2022
16 A. W. Rana, « Rationalization of wheat markets in Pakistan : Policy options », IFPRI, 2020

5 大量輸送の価格に関する情報配信は、海運業者とチャーター側が海上輸送ブローカーを通して交渉する際のベースになる。バルチック海運指数（BDI）が最も参考にされる指数の一つ。

6 S. Abis, F. Luguenot et P. Rayé, « Trade and Logistics : The Case of the Grains Sector », in CIHEAM (eds), *Mediterra 2014. Logistics and Agro-Food Trade. A challenge for the Mediterranean*, Presses de Sciences Po, 2014, p. 133-148, 2014

7 S. Abis, J. Tasse, *Géopolitique de la mer (40 fiches pour comprendre le monde)*, IRIS Éditions, Eyrolles, 2022

8 D. Morgan, *Les géants du grain*, Paris, Seuil, 1979

9 J. Clapp, « ABCD and beyond : From grain merchants to agricultural value chain managers » in *La Revue canadienne des études sur l'alimentation*, Vol. 2, n° 02, p. 126-135, septembre 2015

10 W. G. Broehl, *Cargill : Trading the World's Grain*, Dartmouth College Press, 1992

11 GRAIN, « The soils of war : the real agenda behind agricultural reconstruction in Afghanistan and Iraq », GRAIN Briefing, mars 2009

12 J. Blas, J. Farchy, *The World For Sale : Money, Power, and the Traders Who Barter the Earth's Resources*, Oxford University Press, 2021

13 J. Lavandier, « Rivalités alimentaires et compétition logistique dans le Golfe Persique », in S. Abis, M. Brun (sous la dir.), *Le Déméter* 2020, Club DEMETER, IRIS éditions, p. 291-309, 2020

14 J. Kingsman, *The new merchants of grain. Out of the shadow*, Independently published, 2019

15 C. Ansart, A. Couderc, « Négoce international des grains : Où en sont les ABCD ? », Études Économiques d'Unigrains, juin 2019

16 S. Abis, « BlackRock : un géant agricole ? », in *L'Opinion*, 18 décembre 2020

17 R. Vitón, « Investment Funds in the Food and Agriculture Sector : A Fertile Ground for Investors », in S. Abis et M. Brun (sous la direction), *Le Déméter 2022. Alimentation : les nouvelles frontières*, Club DEMETER, IRIS éditions, p. 301-318, 2022

第４章

1 S. A. Mercier, S. A. Halbrook, *Agricultural Policy of the United States. Historic Foundations and 21st Century Issues*, Springer International Publishing, 2020 ; J. L. Novak, L. D. Sanders, A. D. Hagerman, *Agricultural Policy in the United States. Evolution and Economics*, Taylor & Francis, 2022

2 S. Reynolds Nelson, *Oceans of grain: how American Wheat Remade the World*, Basic Books, 2022

3 ハード・レッド・ウィンターはタンパク質の含有率が高く、パン製造に適している。この品種は、ソフト・レッド・ウィンターとともに東欧出身の植民者がもたらした。

4 D. Morgan, *Les géants du grain*, Paris, Seuil, 1979, p. 9-14

5 S. Abis, T. Pouch, B. Valluis, « La puissance agricole américaine au XXIe sera-t-elle californienne ? », in *Diploweb*, juin 2018

6 A.Magnan, *When Wheat Was King. The Rise and Fall of the Canada-UK Grain Trade*, UBC Press, 2016

7 COCERAL, *EU Farm To Fork Strategy COCERAL Impact Assessment*, juin 2021

8 J. Bremmer, A. Gonzalez-Martinez, R. Jongeneel, H. Huiting, R. Stokkers, M. Ruijs, *Impact assessment of EC 2030 Green Deal Targets for sustainable crop production.*, Report Wageningen Economic Research, n° 2021-150, décembre 2021

9 M. Schiavo, C. Le Mouël, X. Poux, P.-M Aubert, *An agroecological Europe by 2050 : What impact on land use, trade and global food security ?*, IDDRI, Study n° 08, juillet 2021

10 T. Pouch, « L'Europe par temps de crises, à la recherche d'une boussole stratégique », in S.

Belles-Lettres, 2021
2 C. Dequidt, S. Dequidt, *Le tour du monde des moissons*, Éditions La France Agricole, 2016
3 L. R. Brown, *Full Planet, Empty Plates. The New Geopolitics of Food Scarcity*, W. W. Norton & Company, 2012
4 国際穀物理事会（IGC）のデータベースから計算された数字である。
5 M.-P. Reynolds, H.-J. Braun, "Wheat Improvement", p. 3-16, in M. P Reynolds, H.-J. Braun (eds), *Wheat Improvement. Food Security in a Changing Climate*, Springer, 2022
6 A. Evans (dir.), *The Feeding of the Nine Billion. Global Food Security for the 21st Century*, Chatham House Report, Londres, Royal Institute of International Affairs, 2009
7 D. Bricker, J. Ibbitson, *Planète vide. Le choc de la décroissance démographique mondiale*, Les Arènes, 2020
8 N.M. Mason, T.S. Jayne, B. Shiferaw, "Africa's rising demand for wheat : trends, drivers, and policy implications", in *Development Policy Review*, vol. 33, n° 5, p. 581-613, ref. 34, 2015
9 M.-A. Pérouse de Montclos, « Nigeria : la fin de l'eldorado », in *Futuribles*, n° 441, p. 5-19, 2021
10 F. Willequet, « La sécurité alimentaire au défi de l'équation urbaine et logistique », in S. Abis (sous la direction), *Le Déméter 2019*, Club DEMETER, IRIS éditions, p. 91-108, 2019
11 S. Reboud, C. Tanguy, « L'innovation ordinaire d'un produit du quotidien : l'exemple du pain », in *Technologie et innovation*, n° 8217, Vol. 7, ISTE OpenScience, janvier 2022
12 国際パスタ機関（IPO）のデータによると、2021年のパスタ生産は1700万トンで2000年代初めの2倍。主な生産地はイタリア（400万トン）で、同国は毎年、30億€のパスタを輸出している。
13 フランス語の「伴う accompagner」の語源である「compagnon（仲間 / 連れ）」という単語は、「celui avec qui l'on partage le pain（パンを分け合う人）」を意味し、ラテン語の「cum」（avec ～とともに）と「panem」（pain =パン）に由来する。
14 M. Y. Essid, « Histoire des alimentations méditerranéennes », in CIHEAM (eds.), *Mediterra 2012. La diète méditerranéenne pour le développement régional durable*, Presses de Sciences Po, 2012
15 小麦に比べて、ほかの主要な穀物は利用法の割合が異なる。たとえば、トウモロコシは世界生産の10%がそのまま人の食料になり、30%が工業やエネルギー分野の需要、60%が家畜の飼料向けである。同様に、大麦の70%は家畜飼料用。コメは100%が食用だが、一部が飼料になることもある。2021年の国際穀物理事会（IGC）のデータによると、全穀物の世界生産は22億5000万トン。その3分の1が食用であり、小麦はそれの75%を占める。
16 小麦に含まれるグルテンは一部の人に消化不良を引き起こす。こうしたグルテンを受け付けない体質の人の割合は非常に低い。ヨーロッパ人の99%はグルテン摂取に問題がないとされる。
17 N. Poole, J. Donovan, O. Erenstein, "Viewpoint : Agri-nutrition research : Revisiting the contribution of maize and wheat to human nutrition and health", in *Food Policy*, Vol. 100, Elsevier, avril 2021

第3章

1 J.-P. Charvet, *Le blé*, Paris, Economica, 1996, p. 97
2 D. Acloque, « Sécurité alimentaire, le grand retour du rail », in S. Abis et M. Brun (sous la direction), *Le Déméter 2022. Alimentation : les nouvelles frontières*, Club DEMETER, IRIS éditions, p. 249-268, 2022
3 S. Vogel, « Reshuffling the global grain and oilseed value chain », in S. Abis et M. Brun (sous la direction), *Le Déméter* 2020, Club DEMETER, IRIS éditions, p. 177-194, 2020
4 R. Bailey, L. Wellesley, *Chokepoints and Vulnerabilities in Global Food Trade*, Chatham House Report, juin 2017

原注

第1章

1 L. Gernet (1909), « L'approvisionnement d'Athènes en blé au ve et ive siècle », *Mélanges d'histoire ancienne* 25, p. 271-388

2 T. S. Noonan, « The Grain Trade of the Northern Black Sea in Antiquity », in *The American Journal of Philology*, 94(3), p. 231-242, 1973

3 A. Moreno, *Feeding the Democracy. The Athenian grain supply in the fifth and fourth centuries BC.*, Oxford, 2007

4 E. Churchill Semple, « Geographic Factors in the Ancient Mediterranean Grain Trade », *Annals of the Association of American Geographers*, n°11, p. 47-74, 1921

5 P. Garnsey, *Famine and Food Supply in the Graeco-Roman World : Responses to Risk and Crisis*, Cambridge University Press, 1988

6 C. Cheung, « Managing food storage in the Roman Empire », in *Quaternary International*, Volume 597, p. 63-75, Elsevier, September 2021

7 K. Friesen, « Feeding an Empire : Why Egyptian grains played a key role in the food provisioning of the Roman Empire », Wageningen University and Research, August 2021

8 A. Derville, « Dîmes, rendements du blé et révolution agricole dans le nord de la France au Moyen Âge », in *Annales E.S.C.*, vol. 42-6, p. 1411-1432, novembre-décembre 1987

9 F. Galiani, *Dialogues sur le commerce des bleds, Londres*, 1770 (Farmington Hills, Gale Ecco, 2010, p. 30 pour la version ici utilisée)

10 C. Bouton, *The Flour War : Gender, Class and Community in Late Ancien Régime French Society*, Penn State University Press, 1993

11 H. De Benoist, *Le blé, une ambition pour la France*, Tallandier, 2019

12 M. E. Falkus, « Russia and the International Wheat Trade, 1861-1914 », in *Economica*, 33 (132), p. 416-429, 1966

13 S. Mercier, « The Evolution of World Grain Trade », in *Review of Agricultural Economics*, vol. 21, n° 1, Oxford University Press, p. 225-236, Summer 1999

14 L. Collingham, *The Taste of War. World War II and the Battle for Food*, New York, Penguin Press, 2012

15 H. Humphrey, « Food and Fiber as Force for Freedom. Report to the Committee on Agriculture and Forestry United States Senate », Washington, 21 April 1958. この報告書の作成者ハンフリーは、リンドン・B・ジョンソン大統領のもとで1965年1月に第38代アメリカ副大統領に就任し、1969年1月まで同職を務めた。

16 W. J. Burns, *Economic Aid and American Foreign Policy Toward Egypt, 1955-1981*, Suny Press, 1985

17 J. Collins, « La CIA et l'arme alimentaire », *Le Monde diplomatique*, Paris, septembre 1975

18 N. Cullather, *The Hungry World. America's Cold War Battle Against Poverty in Asia*, Cambridge, Harvard University Press, 2010

19 A. Revel et C. Riboud, *Les États-Unis et la stratégie alimentaire mondiale*, Paris, Calmann-Lévy, 1981

20 R. Patel, *A History of the World in Seven Cheap Things : A Guide to Capitalism, Nature, and the Future of the Planet*, University of California Press, 2017

第2章

1 A. Bonjean et B. Vermander, *L'Homme et le grain : une histoire céréalière des civilisations*, Les

【著者】セバスティアン・アビス（Sébastien Abis）

地政学と国際戦略の研究で有名なフランスの国際関係戦略研究所（IRIS）の研究者。産学省庁が共同で農業と食料の未来を考える協会「クラブ・デメテール」の事務局長。また、リールのカトリック大学、Junia農業エンジニア学校で教鞭をとる。その他、多数の地政学関係の書籍を執筆し、メディアでの解説者、記事執筆。講演会も多数おこなう。

【翻訳】児玉しおり（こだま・しおり）

神戸市外国語大学英米学科、神戸大学文学部哲学科卒業。パリ第3大学現代仏文学修士課程修了。主な訳書にピトロン『なぜデジタル社会は「持続不可能」なのか』、『レアメタルの地政学』、ノヴォスロフ他『世界を分断する「壁」』『世界の統合と分断の「橋」』、ミシェル『黒人と白人の世界史』。

Originally published in France as:
Géopolitique du blé. Un produit vital pour la sécurité mondiale
By Sébastien ABIS

小麦《こむぎ》の地政学《ちせいがく》

世界《せかい》を動《うご》かす戦略物資《せんりゃくぶっし》

●

2023年12月28日　第1刷

著者…………セバスティアン・アビス

訳者…………児玉しおり

装幀…………岡孝治

発行者…………成瀬雅人

発行所…………株式会社原書房

〒160-0022 東京都新宿区新宿 1-25-13
電話・代表 03（3354）0685
http://www.harashobo.co.jp
振替・00150-6-151594

印刷…………新灯印刷株式会社
製本…………東京美術紙工協業組合

ISBN978-4-562-07383-2, Printed in Japan